陆军装备保障转型规划建模技术

史宪铭　等著

国防工業出版社

·北京·

内 容 简 介

本书系统深入地介绍了陆军装备保障转型的基本概念、理论、方法和模型。主要内容包括总体框架、要素分析、战略分析、活动生成、维修装备功能规划、路线图生成、转型评价等方法模型及相关算法。

本书既可作为高等院校理工科各相关专业和管理专业、军事装备学专业高年级学生与研究生的教材,也可作为广大科技人员和管理人员的培训教材及自学参考书。

图书在版编目(CIP)数据

陆军装备保障转型规划建模技术/史宪铭等著.
—北京:国防工业出版社,2020.8
ISBN 978-7-118-12140-7

Ⅰ.①陆… Ⅱ.①史… Ⅲ.①陆军装备—装备保障—研究 Ⅳ.①E151

中国版本图书馆 CIP 数据核字(2020)第 137517 号

※

国防工业出版社出版发行
(北京市海淀区紫竹院南路 23 号 邮政编码 100048)
三河市众誉天成印务有限公司印刷
新华书店经售

*

开本 710×1000 1/16 **印张** 9¼ **字数** 158 千字
2020 年 8 月第 1 版第 1 次印刷 **印数** 1—1500 册 **定价** 52.00 元

(本书如有印装错误,我社负责调换)

国防书店:(010)88540777 书店传真:(010)88540776
发行业务:(010)88540717 发行传真:(010)88540762

编 委 会 名 单

前　言

战争的实践和时代的发展孕育了创新和变革，新时代的陆军装备保障也必将随着科技创新和武器装备发展而不断变革。陆军装备保障转型具有涉及范围广、不确定因素众多、耗资巨大、持续时间长、联动性强等特点，规划论证缺乏系统化研究和定量模型已经成为影响陆军装备保障转型的瓶颈问题。为此，本书以陆军装备保障转型系统能力的全面提升为目标，以模型分析技术为基础，对陆军装备保障转型的框架、要素、战略、活动、评价以及保障装备功能等规划问题进行了系统研究，以期为陆军装备保障转型实践提供科学的理论与方法支撑。

全书分为 7 章。第 1 章为陆军装备保障转型总体框架模型；第 2 章为陆军装备保障转型关键要素分析模型；第 3 章为陆军装备保障转型战略分析模型；第 4 章为陆军装备保障转型活动生成模型；第 5 章为维修装备功能规划模型；第 6 章为陆军装备保障转型路线图生成模型；第 7 章为陆军装备保障转型评价模型。

通过基于模型分析的陆军装备保障转型相关问题的系统化研究，为陆军装备保障转型提供了理论与技术基础，为陆军装备保障转型顺利实施提供了有益参考。

本书是作者在长期的教学科研任务中，归纳总结研究成果的基础上编写而成的。本书既可作为高等院校理工科各相关专业和管理专业、军事装备学专业高年级学生与研究生的教材，也可作为广大科技人员和管理人员的培训教材及自学参考书。

由于作者学识和水平有限，书中不妥和疏漏之处在所难免，恳请读者与专家批评指正！

作　者

2019 年 10 月

目　录

第 1 章　陆军装备保障转型总体框架模型 …… 1
1.1　装备保障转型相关概念界定 …… 1
1.1.1　装备保障转型 …… 1
1.1.2　装备保障转型要素 …… 1
1.1.3　装备保障转型策略 …… 2
1.1.4　装备保障转型活动 …… 3
1.2　陆军装备保障转型系统分析 …… 3
1.2.1　陆军装备保障系统 …… 3
1.2.2　陆军装备保障转型目标分析 …… 4
1.2.3　陆军装备保障转型动力分析 …… 4
1.2.4　陆军装备保障转型环境分析 …… 6
1.3　装备保障转型构成及途径研究 …… 6
1.3.1　装备保障转型概述 …… 6
1.3.2　装备保障转型构成分析 …… 9
1.3.3　装备保障转型途径研究 …… 11
1.4　陆军装备保障转型体系结构构建 …… 14
1.4.1　陆军装备保障转型要素维 …… 15
1.4.2　陆军装备保障转型逻辑维 …… 16
1.4.3　陆军装备保障转型知识维 …… 18
第 2 章　基于 QFD 的陆军装备保障转型关键要素分析模型 …… 20
2.1　基于 QFD 的陆军装备保障转型关键要素确定思路 …… 20
2.2　转型目标能力分析 …… 21
2.2.1　信息管控能力 …… 22
2.2.2　敏捷反应能力 …… 22
2.2.3　快速部署能力 …… 23
2.2.4　实时控制能力 …… 23

2.2.5 技术保障能力 …… 24
2.3 基于 AHP 和粗糙集的陆军装备保障转型目标能力重要度确定 … 27
2.3.1 基于 AHP 的主观权重确定 …… 27
2.3.2 基于粗糙集的客观权重确定 …… 28
2.3.3 转型目标综合权重的确定 …… 31
2.4 基于 QFD 的转型关键要素确定 …… 32
2.4.1 基于 QFD 的转型要素权重求解 …… 32
2.4.2 转型关键要素确定 …… 34
第3章 陆军装备保障转型战略分析模型 …… 36
3.1 基于系统工程思想的战略目标确定方法研究 …… 36
3.1.1 系统战略目标内容分析 …… 36
3.1.2 战略目标确定方法 …… 37
3.1.3 战略目标表述形式 …… 39
3.1.4 三种方法的比较 …… 40
3.2 基于指标演绎法的陆军装备保障转型目标定位 …… 40
3.2.1 陆军保障转型目标水平定位 …… 40
3.2.2 陆军保障转型目标制定影响因素分析 …… 42
3.2.3 陆军装备保障转型分项指标确定 …… 43
3.3 基于 TS-SWOT 分析的策略生成原理 …… 44
3.3.1 SWOT 分析法 …… 44
3.3.2 TS-SWOT 模型 …… 45
3.3.3 TS-SWOT 分析原理 …… 47
3.4 基于 TS-SWOT 分析的策略生成过程 …… 48
3.4.1 TS-SWOT 划分层次数分析 …… 48
3.4.2 TS-SWOT 策略生成语法 …… 48
3.4.3 TS-SWOT 分析步骤 …… 49
3.5 基于 QSPM 的陆军装备保障转型策略分析 …… 52
3.5.1 基于 QSPM 的策略分析原理 …… 52
3.5.2 基于 QSPM 的策略分析步骤 …… 53
3.5.3 策略的 QSPM 吸引力与策略重要度之间的关系 …… 54
3.6 基于 TS-SWOT 的陆军装备保障转型策略生成实例 …… 55
3.6.1 陆军装备保障转型内在条件和外部环境分析 …… 55
3.6.2 陆军装备保障转型初步策略生成 …… 56

3.6.3 陆军装备保障系统态势分析 …… 58
3.6.4 陆军装备保障转型策略的 QSPM 分析 …… 58

第 4 章 陆军装备保障转型活动生成模型 …… 60

4.1 发明问题解决理论 …… 60
4.1.1 技术冲突及其解决原理 …… 61
4.1.2 物理冲突 …… 62
4.1.3 管理冲突 …… 63
4.2 基于 TRIZ 方法的陆军装备保障转型活动生成 …… 63
4.2.1 基于 TRIZ 的陆军装备保障转型活动生成方法 …… 63
4.2.2 陆军装备保障转型目标能力及冲突分析 …… 65
4.2.3 目标冲突解决的转型活动生成 …… 67
4.3 基于演绎方法的陆军装备保障转型活动生成 …… 69
4.3.1 基于演绎方法的转型活动生成程序 …… 69
4.3.2 基于演绎方法的转型活动生成示例 …… 69
4.4 陆军装备保障转型活动聚类 …… 71
4.4.1 陆军装备保障转型活动汇总分析 …… 71
4.4.2 陆军装备保障转型活动聚类分析方法 …… 72
4.4.3 对保障人才转型活动进行聚类 …… 73
4.5 基于 IDEF0 的陆军装备保障转型活动建模 …… 76
4.5.1 IDEF0 建模原理 …… 76
4.5.2 陆军装备保障转型活动内外关系图 …… 77
4.5.3 陆军装备保障转型 IDEF0 模型建立 …… 77

第 5 章 维修装备功能规划模型 …… 80

5.1 维修装置功能需求分析方法研究 …… 80
5.1.1 基丁装备分析的维修装置功能需求分析 …… 80
5.1.2 维修装置功能整合研究 …… 82
5.2 维修装备功能划分模型建立 …… 83
5.2.1 维修装备功能划分考虑的问题 …… 84
5.2.2 模型假设 …… 85
5.2.3 模型建立 …… 85
5.3 基于解析方法的维修装备功能划分模型求解 …… 86
5.3.1 模型简化 …… 86

5.3.2 武器装备使用在两场合情况 …… 88
5.3.3 两维修装备多场合情况 …… 89
5.4 基于遗传算法的维修装备功能划分模型求解 …… 91
5.4.1 遗传算法的基本步骤 …… 92
5.4.2 编码及适应度函数 …… 92
5.4.3 遗传操作 …… 93
5.4.4 典型案例分析 …… 94
第6章 陆军装备保障转型路线图生成模型 …… 97
6.1 路线图制定内容研究 …… 97
6.2 基于目标需求链的路线图项目确定技术研究 …… 98
6.2.1 基于目标需求链的项目确定程序 …… 98
6.2.2 项目必要性评价指标 …… 98
6.3 项目消耗时间预测技术研究 …… 99
6.3.1 定性预测方法 …… 99
6.3.2 定量预测方法 …… 100
6.3.3 预测技术的难点 …… 103
6.4 基于推拉结合的项目时间规划技术研究 …… 103
6.4.1 主要生产管理与控制技术 …… 104
6.4.2 基于推拉结合的路线图时间规划程序 …… 106
6.4.3 双层网络路线图表示模型 …… 107
6.5 示例分析 …… 109
6.5.1 型谱化火炮保障转型目标-项目分解 …… 109
6.5.2 型谱化火炮保障转型项目时间规划 …… 112
第7章 陆军装备保障转型评价模型 …… 115
7.1 装备保障转型评价指标模型 …… 115
7.1.1 装备保障能力变化指标设计 …… 115
7.2 方案制定评价指标设计 …… 117
7.2.1 必要性评价指标 …… 117
7.2.2 可行性评价指标 …… 118
7.2.3 合理性评价指标 …… 118
7.2.4 风险性评价指标 …… 121
7.3 陆军装备保障转型验证系统构建 …… 122

7.3.1 验证系统构建方法与技术 …… 123
7.3.2 陆军装备保障转型验证系统设计 …… 124
7.4 基于 FMEA 的陆军装备保障转型活动风险分析 …… 127
7.4.1 FMEA 方法的引入 …… 127
7.4.2 保障转型活动 FMEA 分析步骤 …… 128
7.4.3 示例分析 …… 131
参考文献 …… 134

第 1 章　陆军装备保障转型总体框架模型

1.1　装备保障转型相关概念界定

1.1.1　装备保障转型

装备保障是军队为满足作战及其他任务的需要而在装备调配、维修、经费等方面组织实施的保障，也是为了使武器装备保持良好的战备完好性或者顺利遂行各种任务而采取的各种保障性工作，是保持部队战斗力的重要支撑。

美国国防部转型计划指南中指出转型系指这样一个过程："以综合运用理论、能力、人员和组织的新方式，重新塑造变化中的军事竞争与合作的本质，以便充分利用我国优势，保护我们的非对称薄弱环节，巩固我国的战略地位，维护世界的和平和稳定。"

转型是一个发展中的概念，目前尚未形成统一的定义。一般来说，转型是指随着技术、理论的不断发展和系统面临环境的深刻变化，系统的结构形态、运行模式、编制体制及对其观念等发生根本性转变的过程，转型是立足现在求新求变的过程，是一个创新发展的过程。现阶段的陆军装备保障转型可以理解为：随着信息技术及武器装备的不断发展，新的保障理论不断涌现，促使为武器装备保持良好战备完好性及遂行任务能力而采取的各种保障方法、方式及保障观念不断变化、创新的过程，是战争形态变化的必然要求。

装备保障转型是对当前保障系统的要素持续改进及全面整合，达到装备保障全系统全要素全方位能力的整体跃升，形成新型的装备保障系统。

陆军装备保障转型的基本内涵是：以信息技术等高新技术为核心，针对陆军装备保障系统，运用系统工程的综合集成思想和方法，对保障过程中所涉及的陆军装备保障指挥、保障力量、保障资源、保障对象等全面整合，面向装备保障任务构建基于信息系统的陆军装备保障转型体系，实现装备保障由半机械化、机械化向信息化转型，促进装备保障能力生成模式转变，如图 1-1 所示。

1.1.2　装备保障转型要素

要素是构成事物的必要因素或必不可少的条件，任何事物都是由若干相互

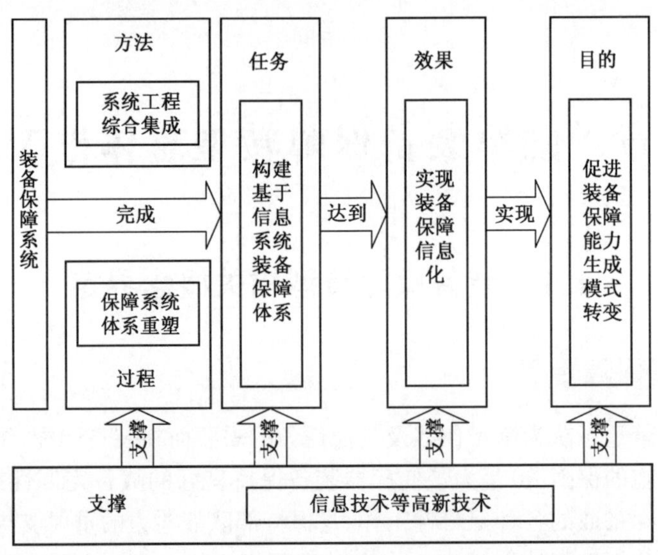

图 1-1　陆军装备保障转型内涵及相互关系

依存、相互制约的要素构成的。装备保障转型要素是指在装备保障转型过程中，为促进装备保障能力生成模式的转变，需要全面整合的必要因素。

装备保障转型要素的含义是：必须与装备保障转型活动发生直接联系；每一个要素都是不可缺少的，缺少则装备保障转型活动不能进行；全部要素必须能保持转型活动的顺利开展，全面提高装备保障系统能力。保障转型就是通过装备保障转型要素不断变化以适应战争形态变化的过程。

1.1.3　装备保障转型策略

战略和策略都是军事上常用的专业术语，战略是指导战争全局的计划或规划，是事关全局发展的大政方针，是交战国一方运用武装力量赢得战争胜利的一门科学和艺术。就一般意义上，主要包括四种概念。

(1) 最优路径、原则或指导思想：将战略定义为若干可能的达到目标的路径中筛选出来的最优路径，这是最为狭窄的战略定义。

(2) 目标与最优路径的独特组合：将战略定义为组织在特定的环境中所确定的长远目标与达成这些目标的关键路径的独特组合。

(3) 目标、最优路径以及行动的组合：战略是组织在特定的环境中所确定的长远目标、达成这些目标的最优路径，以及对应于最优路径的连续的、一致的、行动的独特组合。

(4) 目标、最优路径、行动、经济逻辑、差别化的组合：将战略定义为系统在特定的环境中所确定的核心目标、达到目标的关键路径、行动、盈利的逻辑、与竞争对手不同的差别化特征五个要素的协同组合。

由此，本小节描述的装备保障转型战略指的是为了实现装备保障转型理想状态而确定的转型目标定位和战略方针的组合。

“策略”是指为了实现某一既定目标，预先根据可能出现的问题而制定的对应方案，或者指在实现目标的过程中，根据形势的不断发展和变化制定出的新方案，最终实现目标。

控制策略是各种控制手段何时或在什么情况下使用、如何使用，各种控制手段如何配合使用的方案。控制者要对被控对象施加控制操作，总是先形成主观信息形态的控制策略，而后依据这种控制策略对控制手段实施操作。

本小节所述的装备保障转型策略就是指为了实现装备保障转型最终目标，通过对转型环境等进行分析，形成对转型具有指导意义的方针或原则，为转型活动生成指明方向。

1.1.4 装备保障转型活动

活动是由共同目的联合起来并完成一定的社会职能的动作的总和。活动由目的、动机和动作构成，具有完整的结构系统。

陆军装备保障转型活动，以信息化条件下局部战争对陆军装备保障系统的要求为目的，以提高陆军装备保障转型目标能力为动机，进行陆军装备保障系统要素的组元、结构和运行改进，从而形成的具有特定结构的动作序列。

1.2 陆军装备保障转型系统分析

研究陆军装备保障转型，首先要明确陆军装备保障转型的构成、目标、动力及环境，为转型问题的深入研究奠定基础。

1.2.1 陆军装备保障系统

按照系统工程观点，陆军装备保障系统主要通过组元、结构和运行进行描述，如图 1-2 所示。

组元包括保障文化、保障理论、保障技术、保障装备、保障设施、保障器材、保障人才、保障信息、保障法规等。

结构体现了装备保障各个子系统的相互关系和功能划分，包括保障组织、保障体制等。

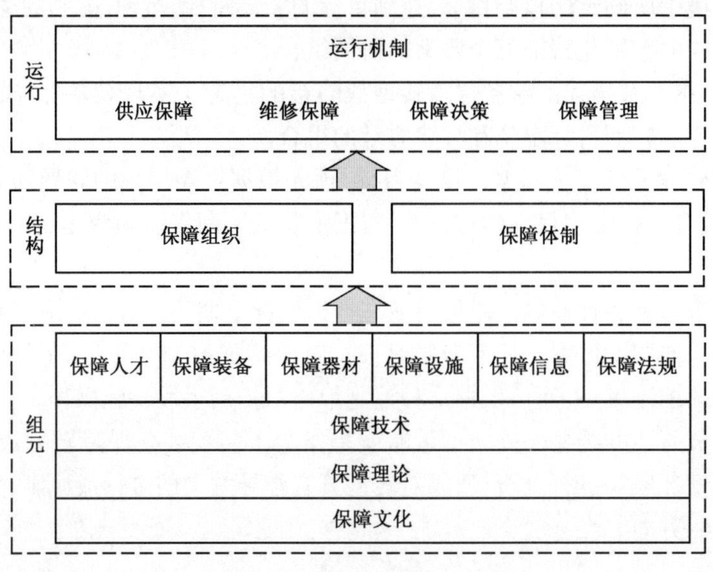

图 1-2　装备保障系统的描述

运行是在装备保障系统结构的基础上，以人为中心的事务的方式、活动等，是装备保障能力提升的关键部分。装备保障转型的重要内容之一是改进装备保障系统的运行，包括保障理论的研究和贯彻、编制体制的调整、保障技术的有效运用、保障方法手段的改进以及保障训练的创新等。

1.2.2　陆军装备保障转型目标分析

装备保障转型的目的是适应信息化战争对装备保障转型的整体要求，以求得在新的装备保障系统下的装备保障能力的最大化，体现在基于信息系统体系作战的整体战斗力和保障力水平的跃升。

陆军装备保障转型目标是促进陆军装备保障能力生成模式转变，使其由应对一般机械化战争向打赢信息化战争转变，由相对分散、功能单一的保障要素向集约合成的保障体系转变，由数量规模型的保障队伍向质量效能型的保障团队转变。突出表现在转型后的装备保障系统在信息管控、敏捷反应、快速部署、实时控制和技术保障等五方面能力的不断提升，最终促进装备保障能力的大幅提高，全面适应信息化战争的需要。

1.2.3　陆军装备保障转型动力分析

陆军装备保障转型动力是陆军装备保障转型实施的基础和力量源泉，包括科学发展观、科学技术进步、武器装备发展、作战理论更新、战争形态变化、保障需求多元等，为装备保障转型提供理论指导、发展动力和物质基础。

（1）科学发展观。进行装备保障转型，必须以科学发展观为指导，将装备保障系统的全面、持久、可持续发展作为装备保障转型的目标。从分析装备保障现状入手，找准存在的矛盾和问题，抓住关键、突出重点、以点带面、以局部促全局。科学发展观为装备保障转型提供了理论指南，用科学的发展理念、发展思路、发展方式统筹谋划装备保障转型，才能又好又快地提高基于信息系统的体系作战装备保障能力，为打赢信息化战争提供可靠的保证。

（2）科学技术进步。高新技术以信息技术、计算机技术、网络技术的发展最为迅速，为装备保障向更高层次发展提供了可能。通过嵌入式设计实现装备的实时监测，并进行故障寿命预测，减少维修保障时间；计算机技术可以实现大量装备保障信息的存储、处理，改善装备保障指挥及活动的可视化能力；网络技术实现了计算机、数据库以及保障设备等的互联互通，使整个装备保障系统形成一个统一整体，提高对装备保障活动指挥、控制能力。只有紧紧依靠科技进步才能推动装备保障转型，实现装备保障能力的整体提高。

（3）武器装备发展。科技进步的迅猛发展直接导致了武器装备的更新换代，新型武器装备集多种高新技术于一身，具有制作工艺复杂、自动化程度高、精确度高、维修程序严格、保障技术专业性强等特点，为装备保障转型提供了物质基础。一方面，新型武器装备信息化程度高，信息采集范围广、信息量大，为装备保障提供了信息支持；另一方面，新型武器装备采用了机内测试（BIT）、模块化设计等技术，大幅度提高了武器装备的自检能力、故障预测能力、自维护能力，为快速进行维护和维修保障提供了便利。

（4）作战理论更新。信息化条件下的作战理论不断发展，对装备保障转型提供了动力支持。一体化保障理论、基于性能的保障理论、速度保障理论、信息化保障理论、感知与响应保障理论等一系列装备保障理论。其目标是服务于战争的需要，增强保障的及时性、针对性，降低保障成本，提高保障的快速反应能力、自动化程度，为在战场中取得主导地位奠定基础。

（5）战争形态变化。以信息技术为基础，远程精确打击为主要手段的一体化联合作战成为现代化战场的主要作战方式，战场范围广、破坏力强、信息量大、战场形势变化快成为信息化战争的主要特点。战争形态的变化客观上决定了装备保障模式必须朝着保障手段智能化、保障指挥网络化、保障体制一体化、保障队伍知识化、保障资源可视化、保障活动精确化的精益效能型装备保障模式转变。因此，战争形态的变化为装备保障转型提供了方向。

（6）保障需求多元。信息化战争中，战场环境瞬息万变，战争节奏快，加之武器装备构造复杂，保障任务需求增加，难度增大，现有的保障条件难以应对这种多元化的保障需求,进行装备保障转型势在必行。

1.2.4 陆军装备保障转型环境分析

陆军装备保障转型环境对装备保障转型产生重要的影响。本小节将其分为宏观环境和微观环境。

1）宏观环境

宏观环境是从国家层面影响装备保障转型的因素,包括:政治环境、经济环境、技术环境和资源环境等。宏观环境为陆军装备保障转型提供资源,影响着陆军装备保障转型的开展和进程。

良好的经济环境和稳定的政治环境为陆军装备保障转型提供了较大的发展机遇。我国经济的持续高速发展,为科技的发展提供了坚实的力量。高新技术在武器装备领域的广泛应用直接促进了我军武器装备的信息化发展,为保障转型提供了动力。

2）微观环境

微观环境是从军队层面影响装备保障转型的因素,包括:新军事变革、国外转型形势、技术创新、周边安全形势、作战样式、作战任务、武器装备发展、整体技术水平等。微观环境为陆军装备保障转型提供动力和要求,是推动陆军装备保障转型的直接外部环境因素。

1.3 装备保障转型构成及途径研究

随着新军事变革的不断推进,一体化联合作战、网络中心战等为主要作战方式的信息化战争逐渐代替以数量规模型阵地战为主的机械化战争,战争节奏快、杀伤力大且武器装备技术复杂,传统的装备保障模式已经不能满足信息化战争的要求,亟需进行装备保障转型。

1.3.1 装备保障转型概述

1. 转型过程

目前,信息化战争的基本形态是基于信息系统的体系作战。新的作战形态和作战样式,对新形势下的装备保障产生了重要影响。在信息化条件下,由于作战进程、作战样式、作战理念、作战实施等发生了巨大的变化,对于装备保障,战备完好性要求更高、修复速度要求更快、保障力量编组要求更加灵活、保障方式要求更加多样、保障资源要求更加透明、保障决策要求更加快速科学、保障的精确化水平要求更高、保障指挥要求更加合理。

军事转型从军事变革演变而来，二者具有一定的相关性。林建超提出军事变革是"由科学技术的进步而引起武器装备的演进，进而引起军队编成、作战方式和军事理论等方面逐步发生根本性变化，最终导致整个军事形态发生质变的特殊社会现象。"军队建设转型是一场深刻的军事变革，是世界各国军队积极适应信息化战争需要，不断调整军队建设方向的共同选择。王保存认为军队建设转型是"以信息为'基因'，以'系统集成'和'虚拟实践'为主要手段，把工业时代的机械化军事形态改造成信息时代的信息化军事形态的过程。"

由此可见，装备保障转型是随着军事技术和武器装备的发展，不断开发新的装备保障概念和能力，以信息系统为支撑，运用综合集成的方法，对各种装备保障力量和保障资源高度整合，建立新的编制体制，以便有效地应对新的战略和战役挑战的进程。其实质是保障技术、保障装备、保障理论、组织结构、装备人才等方面的整体跃升。

信息化战争的基本形态是基于信息系统的体系作战，作战方式将是一体化联合作战。新的作战形态和作战方式迫切要求装备保障进行变革，突出信息主导，实现由概略粗放的传统保障向精确集约的信息化保障形式转变，陆军装备保障转型是信息化战争形态、陆军装备发展、履行新时期使命的必然选择。同时，高新技术的大力推动也为陆军装备保障转型提供了动力保证。

2. 转型目标

陆军装备保障转型目标是促进陆军装备保障能力生成模式转变，使其由应对一般机械化战争向打赢信息化战争转变，由相对分散、功能单一的保障要素向集约合成的保障体系转变，由数量规模型的保障队伍向质量效能型的保障团队转变，达到保障力量综合集成、保障行动全程可控、保障模式主动超前、保障标准统一规范，最终促进装备保障能力的大幅提高。陆军装备保障转型目标如图 1-3 所示。

3. 转型内涵

陆军装备保障转型以信息技术等高新技术为核心，针对陆军装备保障系统，运用系统工程的综合集成思想和方法，对保障过程中所涉及的陆军装备保障指挥、保障力量、保障资源、保障对象等全面整合。面向装备保障任务构建基于信息系统的陆军装备保障转型体系，实现装备保障由半机械化、机械化向信息化转型，促进装备保障能力生成模式转变。转型内涵及相互关系如图 1-4 所示。

4. 转型特点

(1) 创新性。陆军装备保障转型不能依靠简单的生搬硬套，直接采用国外的保障转型方法和形式展开实施，而要结合当前武器装备建设水平、考虑国家经

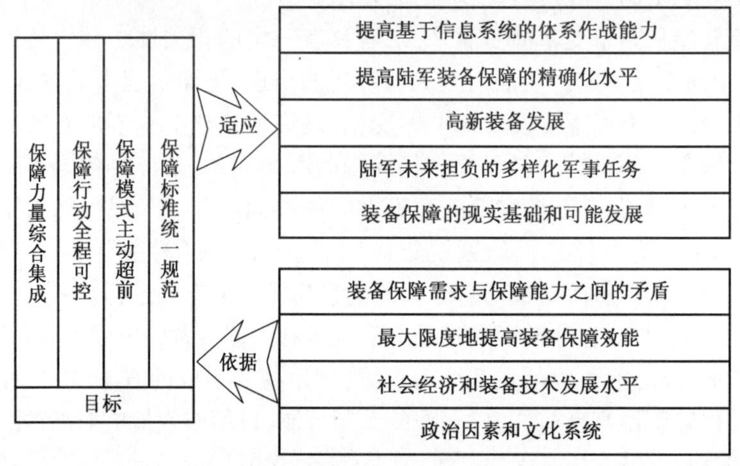

图 1-3　陆军装备保障转型目标

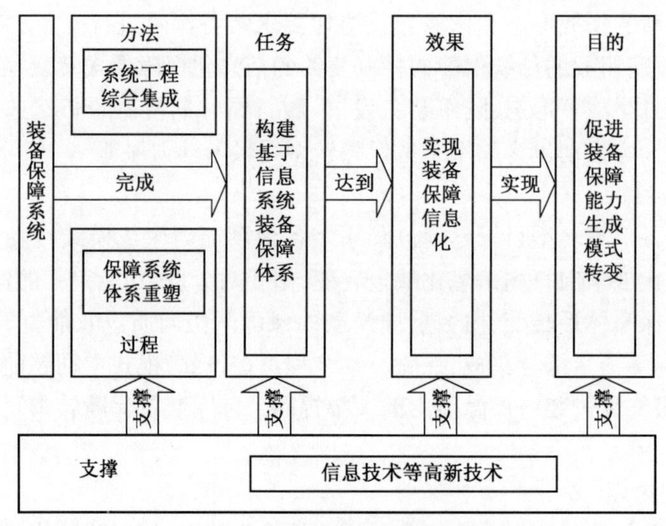

图 1-4　陆军装备保障转型内涵及相互关系

济承受能力和技术条件等各方面现实状况的制约。一方面要引进国外先进保障理念,对信息化装备进行及时精确的保障;另一方面还要兼顾机械化装备构造上的缺陷,改进传统保障方式,尽可能提高对现有机械化装备的保障效率。

(2) 影响性。作战方式和武器装备的换代制约着陆军装备保障转型的方向,同时,陆军装备保障转型的发展也影响作战方式的选择和武器装备的更替,更进一步影响战斗力的生成。陆军装备保障转型的结果决定了信息化战场上装备保障能力的高低,装备保障能力又直接影响了武器装备战斗力的生成,从而限制部分作战方式的运行,导致作战方式可选择的范围减小;装备保障模式的改变增加武器装备设计、构造的复杂性,促进其朝着智能化、合理化、精确化方向发展。

(3) 多样性。陆军装备保障转型的多样性体现在转型内容的广泛性及转型方式的可变性。陆军装备保障转型的实质就是装备保障系统综合能力的整体跃升,其涉及范围广、内容多,包括文化观念、保障理论、编制体制、保障力量、保障训练及保障技术等众多方面。其中每一个内容的转变又需要不同的机构、人员采取不同的方式,利用不同的资源进行;转型目标的实现有多种方法,可以选点实验、逐步推广,也可以全面改革、分步推进,方式选择的最终目的都是实现装备保障模式的顺利转型,但其过程千变万化,同转型内容的广泛性共同构成了装备保障转型的多样性。

(4) 适应性。陆军装备保障转型不仅要遵循军队建设转型的要求与准则,适应保障理论与技术研究现状,还要符合当前信息化建设水平。陆军装备保障转型是军队转型的重要组成部分,必须按照军队建设转型的整体要求,才能与其相同步,并与其相适应;保障转型涉及保障理论、保障技术,需要不断地深化发展,需要同装备保障的技术发展现实相适应,才能有效提高装备保障能力;在转型过程中,经济因素也是一个重要的因素,装备保障转型需要同国家人力、物力、财力相适应;目前现役装备参差不齐,进行装备保障转型需要考虑如何面对各种装备的现实条件,适应装备现状和发展趋势。

1.3.2 装备保障转型构成分析

装备保障转型不是信息技术的简单引入,也不单是通过新技术提高保障效率,而是对装备保障体系的全面提升。因此,装备保障转型涉及文化思想、保障理论、编制体制、保障技术、设施设备、保障装备和保障训练等装备保障系统全方位,并形成新型保障体系,全面提升装备保障能力。装备保障转型构成如图 1-5 所示。

1. 文化思想

提高基于信息系统的体系作战装备保障能力建设首先需要解决文化思想问题,摒弃思想认识上的误区。充分认识装备保障转型对推进装备保障能力建设的作用,深入把握装备保障转型的科学内涵;建立创新型文化,不断深入转型工作;从上而下全员重视,保证装备保障转型的高质量。只有这样,才能顺利完成装备保障转型工作,发挥装备保障能力建设的潜能。

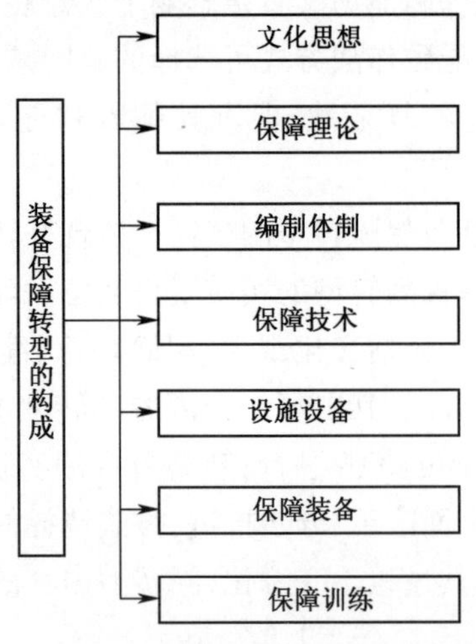

图 1-5　装备保障转型构成

2. 保障理论

装备保障转型的过程也是装备保障理论不断创新的过程,随着信息化战争时代的到来,装备保障理论领域已经提出了很多创新性的新概念、新观点、新理论。作战装备保障理论是装备保障理论创新的重点,是推行装备保障信息化建设的依据和指针。装备保障理论创新上最重要的突破,是对装备保障最终发展趋势的研究。需要研究怎样最大限度地利用各种高新技术,减轻装备保障需求,在对作战部队提供更加有效的保障等方面提出全新的保障理论,并用以指导装备保障建设和保障实践。

3. 编制体制

体系对抗是信息化作战的突出特点,信息化作战装备保障,必须打破条块分割、按级供给的保障模式,运用信息技术把保障单元、保障要素和指挥系统联为一体,树立"大需求、大供给"和"一盘棋"的保障思想,紧紧围绕作战行动,快速聚合各个方向、各个层次、各个专业系统的保障力量,使各军兵种及社会化保障力量成为相互联动、相互依托、相互增效的整体,形成综合保障优势。对各种装备保障力量和保障资源高度整合,建立新的编制体制,是装备保障建设转型的必然要求。在保障力量上,充分利用地方保障力量也成为新的发展趋势,也需要建立相应的体制来实现,使军队装备保障社会化程度得到提高。

4. 保障技术

保障技术即充分利用以信息技术为核心的高技术。以信息技术为核心的众多高新技术在军事领域的广泛应用,使武器装备呈现出信息化、隐身化、精确化和一体化的发展趋势。这一发展趋势必然要求装备保障建设向信息化、数字化发展。信息化战争和数字化部队必然要求信息化、数字化的装备保障与之相配套。应把信息技术的运用作为装备保障建设的核心，研制和装备更先进的装备指挥与管理自动化系统，以提高整个保障系统中所有资源的透明度，从而实现对装备保障资源的动态跟踪和实时监控，以便准确、快速、高效地配置、调动和利用装备保障资源，对作战部队的装备保障需求做出快速反应。利用扫描器、射频标签、条形码、数据库及其依托的战术互联网开发的“全资可视化”技术，通过“全维可视”，达到“全程可控”，从而实现精确保障。依托信息平台，以信息流引导物资流、技术流，达到适时、适地、适量、高质的保障效能，实现保障的即时化、综合化、精确化和经济性。

5. 设施设备

提高信息化条件下的装备保障能力，需要利用先进的保障技术，更加需要硬件作为支撑，需要加大设施设备的投入力度，完善目前的装备保障的硬件基础。建立健全的信息采集手段、信息处理手段、装备管理手段、装备指挥手段、维修手段、供应手段等，使装备保障转型落到实处，全面提高装备保障的效率和效能。

6. 保障装备

加快发展和改造保障装备。随着探测技术、微电子技术、纳米技术、定向能技术、光电技术等一大批高技术取得重大突破，很多信息化保障装备将陆续问世，保障装备的信息能力、机动能力、防护能力、综合能力将会进一步提高。因此，改进和完善野战抢救抢修装备，发展故障自动诊断和检测技术，将检测设备的检测电路和传感器部分安装到装备上，不用外部设备，即可自动显示主要部件状况，一旦出现故障，即可换件修理。可以预见，高技术或信息化保障装备的发展，将大大提高保障效能，为装备保障建设转型提供新的物质技术基础。

7. 保障训练

信息化条件下作战激烈复杂，装备保障点多、面广，任务繁重，对装备保障人员素质提出了更高的要求，以往的保障训练已经远远不能满足要求。因此，探索信息化条件下的装备保障训练已经成为装备保障转型的重要组成部分。

1.3.3 装备保障转型途径研究

依据武器装备保障转型的涵义、时代特征，考虑信息化战争对装备保障的直接影响，从当前保障系统实际出发，通过进行保障转型，形成适应信息化战争的新型装备保障模式，为达成此目标，需要科学规划实施途径，为全面展开装备保障转型建立基础。依照上述思想，从支撑层、内容层和实施层三个层次建立装备保障转型途径如图 1-6 所示。

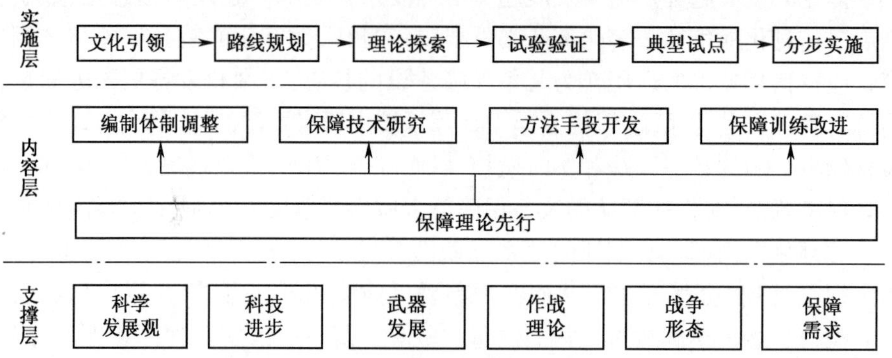

图 1-6　装备保障转型途径

支撑层主要描述装备保障转型的客观环境,包括科学发展观、科技进步、武器发展、作战理论、战争形态、保障需求等,为装备保障转型提供了理论指导、发展动力和物质基础;内容层主要描述装备保障转型的具体内容及相互关系,主要包括保障理论研究、编制体制调整、保障技术研究、方法手段开发、保障训练改进等,从而使装备保障转型顺利展开;实施层主要是从操作层面表明装备保障转型的实施步骤和逻辑程序,包括文化引领、路线规划、理论探索、试验验证、典型试点、分步实施等。

1. 支撑层

装备保障转型是建立在一定基础之上,需要一定的思想、理论和环境作为支撑。首先,装备保障转型必须以科学发展观作为指导,将装备保障转型的全面、持久、可持续发展作为装备保障能力建设的主要目标;其次,装备保障转型是建立在科技进步、武器更新换代、作战理论发展、战争形态变化、保障要求提高的基础上,进行装备保障转型建设,必须考虑这些因素带来的多方面影响。

2. 内容层

装备保障转型主要针对传统保障系统的保障资源、保障程序、力量编配等要素,通过进行有机整合。在装备保障资源建设的基础上,通过进行保障理论研究、编制体制调整、保障技术研究、方法手段开发、保障训练改进,对保障转型进行深入分析、理论探索和组织实施,达成新型的具有信息化时代特点的装备保障体系,使新型保障体系主要具有组元改进、结构优化、功能提升、运行完善和适应环境等特点。

理论是实践的先导,为达成装备保障转型的顺利实施,首先需要对装备保障理论展开研究,从装备保障转型构成出发进行全面分析和研究,为后续的装备保障转型内容建立基础。

编制体制调整是装备保障转型的组织基础,从目前的情况下,为实现装备保障转型,需要调整现有保障机构,以模块化编制体制为基本模式,提高前置保障能力,便于实施联合保障,并对维修体制进行合理优化,适应装备保障转型需求。

装备保障技术是实现装备保障系统功能的重要支撑力量,成熟的装备保障技术能够保证装备保障任务及时、高效的完成。装备状态监测技术、故障诊断技术、多维可视化技术等先进的装备保障技术能够有效提高装备故障提前预见能力、远程指挥能力,及时获取装备故障信息,对我军装备保障能力的提升具有很好的应用价值。在装备保障技术方法发展上,应以适应武器装备发展为出发点,以提高智能化、自动化、精确化维修水平为方向,以适应信息化条件下装备保障需求为目标,实现装备保障能力的跃升。

保障手段是提高保障效能的杠杆,通过完善保障手段,可以延伸人的能力,增强工作效率,使保障工作更加有序。为了满足当前信息化作战条件下的装备保障需求,需要从信息网络建设、装备信息化建设、维修手段建设和供应手段建设等方面进行保障手段的拓展。

装备保障建设转型的根本目的是提高我军在信息化条件下的作战保障能力,在装备保障建设转型过程中,必须把装备保障训练放在战略地位,用训练检验装备保障转型实践是否符合实战需求,用训练检验新型装备战时的保障水平。保障训练转型目标主要是通过保障训练,强化装备保障的系统集成,主要包括保障要素集成训练、保障单元集成训练、保障体系融合训练等。在保障训练中,应加强快速反应训练,提高机动保障能力;加强战略战役投送训练,弥补投送能力的不足;加强联合保障训练,实现精确保障;加强技术保障训练,提高装备保障效能;加强基地化、模拟化和网络化训练,提高训练效益。

3. 实施层

装备保障转型工作首先应该从文化转型开始,通过文化与信息化的融合,加强转型思想观念;按照路线图制定方法,制定装备保障转型路线图;在结合原有装备保障理论的基础上,融入新技术、新思想,对新问题提出创新性的解决方法,创新装备保障理论;充分利用现有实验机构,对保障转型方案、转型技术以及新型保障设备进行试验验证,以期发挥其最大效能;典型试点与分步实施相结合,按转型路线图制定步骤稳步推进,逐步实现全军范围的装备保障转型。

装备保障转型是我军面临的重要使命,从宏观层面分析装备保障转型的构成及途径,为装备保障转型提供重要的指导。这里从装备保障转型的概念、构成等方面对装备保障转型进行了综合分析,并提出了装备保障转型的途径,简要描述了实现装备保障转型的支撑层、内容层、实施层的涵义,对装备保障转型具有一定的理论意义。

1.4 陆军装备保障转型体系结构构建

Hall 三维结构是一种解决有结构的“硬系统”问题的方法论，为研究复杂系统工程问题提供统一的思想方法。运用 Hall 三维结构方法论的思想，可对陆军装备保障转型这一复杂系统的宏观规划和微观研究提供指导。在前述研究的基础上，针对陆军装备保障转型中的顶层设计这一影响转型成败的关键问题展开研究，采用基于 Hall 三维结构的系统工程思想与方法，建立陆军装备保障转型的三维体系结构，对陆军装备保障转型进行宏观设计。

基于 Hall 三维结构方法论，本节提出了陆军装备保障转型体系，主要由要素维、逻辑维和知识维组成，如图 1-7 所示。

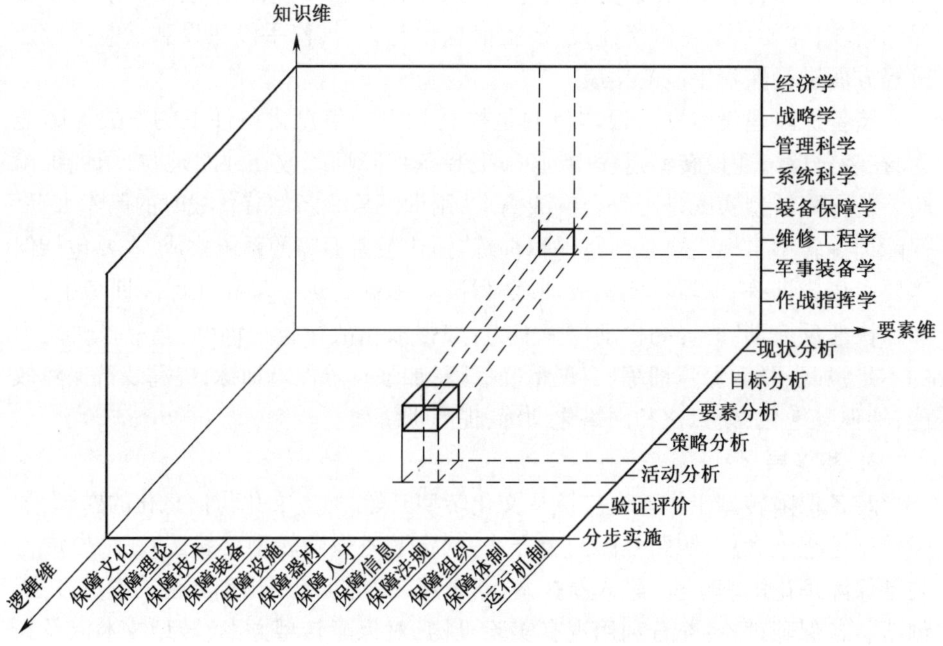

图 1-7 陆军装备保障转型三维体系结构图

要素维明确了陆军装备保障转型的主要构成。由于陆军装备保障转型是随着军事技术和武器装备的发展，不断开发新的装备保障概念和能力，以信息系统为支撑，运用综合集成的方法，对各种装备保障力量和保障资源高度整合，建立新的编制体制，以便有效地应对新的战略和战役挑战的进程。因此，装备保障转型要素维包括保障文化、保障理论、保障技术、保障装备、保障设施、保障器材、保障人才、保障信息、保障法规、保障组织、保障体制、运行机制等装备保障系统全方位要素。

逻辑维是在要素维的基础上,分析陆军装备保障转型各要素转型实施中的逻辑程序。包括装备保障转型工作实施的逻辑步骤,分别为现状分析、目标分析、要素分析、策略分析、活动分析、验证评价和分步实施等。

知识维明确了陆军装备保障转型所需要的知识和技术。包括作战指挥学、军事装备学、维修工程学、装备保障学、系统科学、管理科学、战略学、经济学等多个方面的知识和技术。

1.4.1 陆军装备保障转型要素维

由 1.4 节分析结果归纳可知,陆军装备保障转型要素维包括以下几个方面。

1. 保障文化

保障文化是陆军装备保障转型的先导。保障文化转型就是要深入把握装备保障转型的科学内涵,建立创新型文化,提高全员重视程度,从而保证装备保障转型的高质量。

2. 保障理论

保障理论是陆军装备保障转型的前提。保障理论转型就是要加强作战装备保障理论创新,用以指导装备保障建设和保障实践。

3. 保障技术

保障技术为陆军装备保障转型提供了技术基础。保障技术转型就是要研究和运用装备信息化与数字化技术、保障资源跟踪与监控技术、保障资源可视化技术、快速维修技术、精确供应技术等先进技术手段,实现装备保障适时、适地、适量、优质。

4. 保障装备

保障装备为陆军装备保障转型提供了新的物质技术基础。保障装备转型就是要改进和完善野战抢救抢修装备,发展故障自动诊断和检测技术,将检测设备的检测电路和传感器部分安装到装备上,达到实时管理装备健康状态、快速诊断装备发生故障,同时也要加强保障装备的信息能力、机动能力、防护能力、综合能力,提高保障效能。

5. 保障设施

保障设施为陆军装备保障转型提供了硬件支撑。保障设施转型就是要加大新型设施设备的投入力度,建立健全装备保障中的信息采集手段、信息处理手段、装备管理手段、装备指挥手段、维修手段、供应手段等,使装备保障转型落到实处,全面提高装备保障的效率和效能。

6. 保障器材

保障器材为陆军装备保障转型提供了硬件基础。保障器材转型就是要加大新型保障器材的研制和配套,建立健全流通渠道,全面提高保障器材的技术水平和配套率。

7. 保障人才

保障人才为陆军装备保障转型提供了能动基础。保障人才转型需要加强人员的培训,全方位提高人才的综合素质,适应当前基于信息系统的体系保障的需要。

8. 保障信息

保障信息为陆军装备保障转型提供了新的机遇。信息化的发展和信息化战争为装备保障系统提出了新的要求,保障信息转型就是全面提升装备保障系统的信息化水平,从而提升基于信息系统的体系保障能力。

9. 保障法规

保障法规为陆军装备保障转型提供了制度保证。在陆军装备保障转型中,需要不断更新保障法规,全面提高保障法规的建设水平。

10. 保障组织

保障组织为陆军装备保障转型提供了组织保证。需要不断地更新组织结构,适应当前转型带来的冲击,提高组织的适应性。

11. 保障体制

编制体制为陆军装备保障转型提供了组织基础。编制体制转型就是要打破条块分割、按级供给,对各种装备保障力量和保障资源高度整合,建立新的编制体制,从而能够快速聚合各个方向、各个层次、各个专业系统的保障力量,形成技术保障优势,适应信息化作战体系对抗对装备保障的要求。

12. 运行机制

运行机制为陆军装备保障转型提供了规范保证。进行陆军装备保障转型,不光需要对保障系统的硬件和保障组织体制等方面的变革,更需要用科学化、规范化的运行作为保证,将保障系统能力不断提高。

通过要素维中要素的全面转型,形成新型保障体系,从而达到全面提升装备保障能力的目的。

1.4.2 陆军装备保障转型逻辑维

1. 现状分析

现状分析为陆军装备保障转型提供现实依据和实现基础。现状分析包括:一是对当前外军如美军、俄军等主要发达国家军队建设转型和装备保障转型的先进理念和理论进行跟踪研究,为陆军装备保障转型提供理论支持;二是对当前武器装备检测技术、预测技术、维修技术、物流技术等技术发展现状进行分析,为陆军装备保障转型提供技术支持;三是对国内外装备保障方法进行分析,掌握当前装备保障手段和工具情况,为陆军装备保障转型提供方法支持;四是对陆军装备保障组织结构和运行实际进行分析,明确当前装备保障的组织实施情况,为陆军装备保障转型提供组织支持。

2. 目标分析

目标分析是在当前装备保障系统内外环境分析和趋势预测的基础上进行的,可为陆军装备保障转型各要素的未来发展方向和达成时间提供决策依据。目标分析包括:一是根据陆军装备保障转型需求,提出转型要素的基本目标;二是探索文化创新规律、科技发展规律、组织改革规律、产品研发规律等基本规律,运用各种预测方法和手段,规划陆军装备保障转型的发展趋势和时间节点。

3. 要素分析

要素分析就在当前陆军装备保障系统的要素中,得到哪些是起关键作用或重要作用的因素,其作用的发挥情况,从而把握转型的重点和关键,为陆军装备保障转型的有效实施奠定基础。

4. 策略分析

策略分析是在要素分析的基础上,结合装备保障系统外部环境情况,对转型的指导思想进行规划,为陆军装备保障转型提供行动指南。系统的外部环境因素中,有些对装备保障转型起着促进和推动作用,有些则不然。对于装备保障系统而言,如何借助外部环境的优势改进系统功能,以及发挥系统能动性避免外部环境带来的不利影响,是陆军装备保障转型策略研究中必须明确的重要问题。

5. 活动分析

转型活动是以信息化战场情况下装备保障任务为牵引,通过对转型过程进行详细规划,明确“怎么转”这一重要问题,使转型工作有据可依、有章可循。陆军装备保障转型具有持续发展、持续升级的特点,又有一定的针对性,既要求把握转型的外在方向,又必须遵循其内在规律。因此,必须加强对转型工作的领导,设立转型机构,明确职责,同时运用法规和制度的指导,有计划、有重点、有目标的领导转型工作的不断深入。

立足装备保障转型工作的实际,在科学统筹好需要与可能、整体与局部、当前与长远等关系的基础上,采取系统规划的方法,进一步理清转变的思路,科学设计加速推进装备保障转型活动。根据转型建设的实际需要,按照转型路线图的制定程序和方法,制定出装备保障转型的路线图,为装备保障转型提供实施指南。

6. 验证评价

装备保障转型是一项复杂的系统工程,所涉及的技术的成熟性及转型活动的有效性都会对转型效果产生巨大的影响。因此,必须通过验证,才能避免出现大的波折和时间、资源上的浪费,通过对转型效果评价来确定转型活动的可行性。

技术检验是对一项新技术或转型工作中关键技术应用于转型系统的可行性、成熟性的验证。转型中,应建立技术验证实验室,设置与战争情景相似、战场情况相同的情境,进行模拟、仿真,并通过数据分析、模型效能评估等手段快速确定这种技术在转型工作中能产生多大的效应,有多大的风险,有多大的不确定性等,以便迅速将其转变为促进装备保障转型工作不断发展的动力。

7. 分步实施

分步实施是指新型装备保障模式在典型试点试验成功之后,总结其中的经验教训,进而按转型路线图制定步骤稳步推进,实现陆军装备保障转型。陆军装备保障转型在分步实施、全面推广时期,不仅涉及保障系统结构重组、编制体制调整、设备更换以及业务运行方式转变等,还涉及与其他部门的协调,是一项长久、持续的发展过程。

1.4.3 陆军装备保障转型知识维

陆军装备保障转型知识维是装备保障中各个要素在各个转型阶段所需要的知识和技术,各种知识可解决的典型问题描述如下。

作战指挥学可应用于作战样式和战术运用分析和预测,为装备保障提供需求牵引,为陆军装备保障转型提供发展方向。

军事装备学可用于解决军事装备发展趋势预测等问题,为保障装备发展和陆军保障转型提供引导。

维修工程学可用于解决装备维修的关键问题,提高维修保障效益,为陆军装备保障转型提供技术基础。

装备保障学可用于解决装备保障的关键问题,是装备保障研究的核心,为陆军装备保障转型提供具体指导和关键技术。

系统科学可用于解决陆军装备保障转型中的宏观指导,为转型提供方法论和思想、技术,实现转型的全面、系统、整体优化。

管理科学可用于解决陆军装备保障转型中的计划、组织、领导、协调、控制问题,为完成转型提供管理技术和手段。

战略学可用于解决陆军装备保障转型的目标、方向确定问题,使转型的结果更加符合实际,适应信息化战争发展需求。

经济学可用于解决陆军装备保障转型中的经费预算和优化，使转型符合国家经济发展情况，符合军队建设实际。

通过对知识维涉及的知识和技术全面掌握，有助于攻克陆军装备保障转型的关键难题，保证陆军装备保障转型具有可行性、最优性。

第2章　基于QFD的陆军装备保障转型关键要素分析模型

2.1　基于QFD的陆军装备保障转型关键要素确定思路

质量功能展开(QFD)是由日本质量专家赤尾洋二于20世纪60年代提出的一种以顾客为导向的管理理论,它指用系统配置需求和特征关系的方法将顾客需求转变成“质量特性”并展开设计,是一种主动预防式的现代设计方法。QFD将注意力集中于规划和问题的预防上,而不仅仅集中在问题的解决上,它用质量屋(House of Quality,HOQ)的形式量化分析顾客需求与过程措施间的关系,经数据分析处理后找出对满足顾客需求贡献较大的过程措施,解决“做什么”的问题。

QFD采用矩阵图解的方式将顾客需求转化为设计要求、工艺技术要求和成本要求等,它是一种对顾客需求的直观展开的方法,先识别出客户在质量方面的要求,然后把质量要求与过程特性对应起来,根据质量要求与过程特性的关系矩阵,进一步确定过程特性重要度,从而使项目小组有针对性地规划过程。QFD过程是通过一系列图表和矩阵来完成的,这些矩阵图表的形状有如一座房屋,因此称为质量屋,如图2-1所示。

质量屋的基本结构要素如下。

(1) 左墙:质量屋的“WHAT”,是质量屋最基本的输入,客户要求是指装备保障转型目标;“重要度”反映转型目标的相对重要性。

(2) 天花板:质量屋的“HOW”,是指转型要素。

(3) 屋顶:“自相关矩阵”,是指各个质量特性之间的相互关系,它们之间的相互影响关系判断依据是专业理论。

(4) 房间:“关联关系矩阵”,是指各个转型目标与各个转型要素之间的相关程度。

(5) 地板:“转型要素”的重要度,是质量屋的输出。

基于QFD的陆军装备保障转型关键要素的分析步骤如下。

(1) 陆军装备保障目标能力分析。通过分析当前陆军装备保障转型系统现

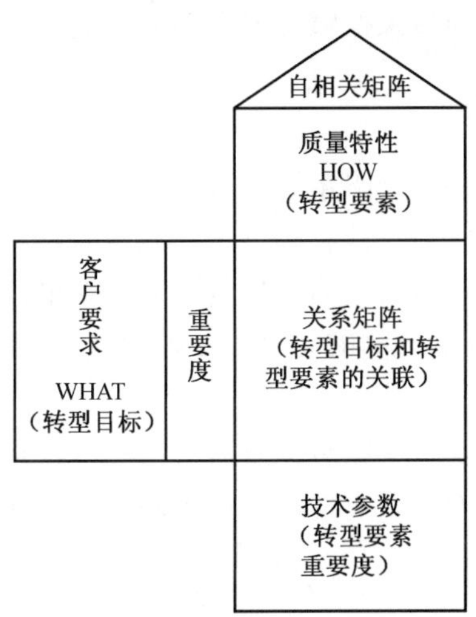

图 2-1　质量屋

状,根据陆军装备保障对保障系统的需求,提出陆军装备保障目标能力指标体系,以此作为质量屋中左墙的参数,并填入质量屋的左墙中。

(2) 陆军装备保障转型目标能力重要度确定。通过对陆军装备保障转型目标能力进行分析,得到各目标能力分指标对应的权重,并作为左墙中重要度参数,填入左墙中。

(3) 陆军装备保障转型要素汇总。对陆军装备保障转型要素进行汇总分析,以此作为质量屋的屋顶中的参数,从左至右填入屋顶中。

(4) 陆军装备保障转型要素关联关系确定。通过专家打分等方法,建立各保障转型目标能力与各个转型要素之间的关联关系。通过数据处理,逐一确定各个转型目标能力与各转型要素的关联系数,并分别填入质量屋的关系矩阵中。

(5) 陆军装备保障转型要素重要度确定。运用 QFD 质量屋中的技术参数计算方法,即通过重要度与相应转型要素关联系数乘积取和的方法,分别得到转型要素的重要度。

(6) 陆军装备保障转型关键要素确定。将各种要素重要度进行归一化处理,根据转型要素的权重大小,确定关键要素。同时,将确定后的关键要素进行归一化,作为后续研究的数据基础。

2.2　转型目标能力分析

陆军装备保障转型是为了适应信息化战争的需要,通过对相关理论进行归纳总结,本节认为转型的根本目标是使得转型后的装备保障在信息管控、敏捷反应、快速部署、实时控制和技术保障等五方面能力的有效提升。

2.2.1 信息管控能力

保障信息管控能力是指保障系统通过各种手段获取各种相应信息并进行信息处理、分发和传输的能力,直接影响到保障的反应时间和决策准确性,是保障转型过程必须考虑改进的能力。信息化条件下的军事行动中保障行动的精确性要求很高,要求保障系统必须能够实时感知各种信息,准确把握保障需求。

1. 信息获取能力 C_1

信息获取能力是指及时获取装备及器材的技术状态、故障、损伤等信息的能力。信息获取是信息能力得以实现和发挥的基础,通常通过获取信息的种类、数量等进行评价。

2. 信息传输能力 C_2

信息传输能力是信息能力得以实现和发挥的关键环节,主要通过软/硬件平台、共享机制、信息安全等方面体现信息传输能力。

3. 信息管理能力 C_3

充分运用信息化手段,对感知的信息进行筛选、融合、分析处理,信息分发传送的容量、速度和信息利用的共享程度等。

4. 信息控制能力 C_4

包括实时掌控各保障机构的状态控制、保障资源的可视管理程度等。

2.2.2 敏捷反应能力

敏捷反应能力的实质是要求转型后的保障系统能够根据作战任务,迅速完成各个保障要素的平战转换,建立战时编成和保障资源战时配系,形成具有战时保障功能的维修保障单元。敏捷反应能力包括保障资源通用能力、维修手段综合集成能力、保障机构兼容能力和保障力量模块化编成能力四个方面的内容。

1. 保障资源通用能力 C_5

各级修理机构围绕提高保障能力调整保障资源,形成适应装备发展、车型通用、平战兼容的资源配系。例如,根据任务调整资源,战区直属修理机构增配用于部件维修、零件修复和高新技术巡修的保障手段,队属修理机构要配置整装换件修理、战时快速抢救抢修所需的野战化维修手段,减少用于部件修理、旧品翻新、零件加工制配等固定维修设备等,使保障资源具有平战通用能力。

2. 维修手段综合集成能力 C_6

按集约化要求对维修手段进行优化整合,发展基于“平台+适配器”的横向一体化保障技术,努力提高全型谱一体化综合检测修理能力。把按“车型配套”

改为“按功能配置”,研制满足装备多种车型维修需求的专用组合机具,功能可根据新装备维修需求拓展,实现基本维修手段的车型通用和平战通用。

3. 保障机构兼容能力 C_7

在信息化战争中,将更加注重利用信息网络,采取联合、合成的方式,对诸兵种实施整体装备保障。

4. 保障力量模块化编成能力 C_8

依据基本保障单元的模块化编成原理,平时可以按照“混合编组、包车作业、岗位轮换”的方式组织实施整装换件修理;战时按照“以单元编组、以组编队、以队编群”积木组合的编成方式,完成战场抢救抢修任务。这种基于基本保障单元的编配与运用方式,便于调配,便于指挥,便于作业,平战兼容性强,装备保障效率高。

2.2.3 快速部署能力

快速部署能力是指担负伴随保障的机构具备在作战地域内伴随作战梯队实施现地抢救抢修的能力,担负机动支援保障机构具备在作战地域外远程投送的支援保障能力。维修保障机构要具有很高的机械化程度,维修资源要具有适应于机动携行的配置形态。快速部署能力包括保障装备机动能力和快速供应保障能力。

1. 保障装备机动能力 C_9

信息化战争作战范围扩大,机动作战成为陆军部队主要的作战形式,大纵深、全方位的机动保障成为装备维修保障的重要方式,机动保障任务急剧增加,保障装备必须具有很强的机动能力。因此,要注重武器装备系统的配套建设,在主战装备应用的先进技术,要同步运用在保障装备上,使保障装备具有与主战装备相同的机动能力,尽量缩短保障力量到达装备损坏地点的时间。

2. 快速供应保障能力 C_{10}

快速供应保障能力为部队所需要的保障资源进行及时、准确、快速补充的能力。一是要具备物资的需求预计能力,包括物资数量与品种需求的预计能力(消耗需求量、物资损失量、物资机动量)等;二是要具备物资的补给运输能力,包括物资投送能力、保障资源分发能力、可视化与识别能力等。

2.2.4 实时控制能力

实时控制能力是指装备保障体系在平时具备以维修质量、效益为中心的全系统管理控制能力,战时具备以精确、快速保障为目标的全要素指挥协调能力。包括装备保障体系快速计划与决策能力、全系统信息沟通能力、编制体制衔接能力、全要素指挥控制能力等四个方面。

1. 快速计划与决策能力 C_{11}

快速计划与决策能力是快速、科学、准确进行装备保障计划、实施保障决策的能力。也就是迅速评估当前装备保障情况，明确装备保障的问题和目标，分析影响因素，评比备选方案，预测未来保障态势，经综合平衡确定并执行保障计划，并实施保障效果评估。

2. 全系统信息沟通能力 C_{12}

全系统信息沟通能力是进行全系统信息沟通，达到在正确的时间、正确的地点，以正确的方式将正确的信息传递到正确的人员的能力。需要打破装备保障各专业自成体系、自我保障、分散管理、重复建设的传统模式，建立互联、互通、互操作和无缝连接的网络化信息系统，使其具备平、战时网络化运行环境，具备基于数据库管理、指挥、信息控制系统和通信平台，全面提升装备保障各子系统的实时信息沟通，实现对保障全局的快速掌握，对保障力量(资源)的合理分配，最大限度地减少保障消耗和等待时间，使保障行动更加快捷有效。

3. 编制体制衔接能力 C_{13}

编制体制衔接能力是指编制体制能够按照指挥高效的要求，适应维修方式和任务调整变化的能力。提高该能力需要强化平战时编制体系转换管理控制，建立配套完善、顺畅高效的平战体制转换机制，解决装备保障平战兼容能力弱的问题，努力实现战区与部队的上下协调，平时与战时的紧密衔接，建立信息化主导下的集约管控、平战一体、综合高效的装备保障编制体系运行机制。

4. 全要素指挥控制能力 C_{14}

全要素指挥控制能力包括装备技术状况监控能力、装备管理全程监控能力、装备质量状况监控能力。通过建立装备技术状况监控机制，实现大型装备技术状态的实时监控和动用使用的全程管控；采用成熟的网络数据通信和传输技术，建立覆盖装备机关、保障场所、维护修理、器材储存等全要素的装备管理监控网络，对装备管理实施全程监控；发展基于信息网络的装备质量监控技术和手段，提高装备状况实时监控、信息高效传输和质量评估能力。

2.2.5 技术保障能力

技术保障能力是指对装备实施技术保障所能达到的程度，是及时准确遂行装备技术保障任务的先决条件。提高技术保障能力，需要人才、装备、设备、器材等优质配套，保障技术先进、保障方式和保障体制适应保障需求，并进一步提高平时的故障诊断与修复能力和战时的抢救抢修能力。因此，技术保障能力指标包含以下 9 个三级指标。

1. 保障人才配套率 C_{15}

保障人才配套率是指保障人才中适应保障岗位需求的人员比例。提高保障人才配套率是提高技术保障能力的必然需求,需要着力建设装备教员队伍、装备技术专家队伍和装备技术骨干队伍,提高装备技术人员思想政治素质、科技文化素质和业务管理素质,形成装备教学能力、技术攻关能力和管理能力。若要建设不同层次、不同类型、不同专长的装备保障人才,努力培养与装备保障相适应的综合素质强、业务能力精、会指挥、懂技术、善管理的保障指挥人才和人才队伍,着重解决教育训练滞后、专业不够配套、“新装备等人”等问题,通过提高保障人才配套率,提升装备保障的效果。

2. 保障装备配套率 C_{16}

保障装配套率是指保障装备符合作战装备数质量要求的比例。提升保障装备配套率是提高信息化条件下局部战争装备保障能力的重要节点。一是提升检测装备配套率,提高检测的自动化水平;二是提升抢救装备、修理装备和维修检测诊断装备的配套率,缩短维修时间,提高维修效率;三是提升武器补给、器材补给、弹药补给和其他补给装备的配套率,达到适时、适地、适量、适用地补充作战部队的目的;四是提升指挥装备的配套率,集成和发展信息收集、信息传输、信息处理、信息显示、信息存储、信息反馈装备及指挥设备和系统。

3. 保障设备配套率 C_{17}

保障设备配套率是指保障设备符合作战装备数质量要求的比例。保障设备可以是活动的或固定的、通用的或专用的,其中包括:拆卸、安装与搬运设备、工具、计量与校准设备、试验设备、测试设备及监测与故障诊断设备、修理用工艺装置与切削加工和焊接设备。上述保障设备要与部队的作战装备、保障装备、保障人员、作业条件等相配套适应,既能充分发挥保障设备的技术性能,又能满足平、战结合以及部队使用的要求,还应考虑到保障设备本身的使用和维修保障问题。

4. 保障器材配套率 C_{18}

保障器材配套率是指保障器材符合作战装备数质量要求的比例。应当结合维修保障的需要、装备更新换代的要求和经费保障的可能,掌握器材的消耗规律,科学预测所需维修器材的品种和数量,精心确定筹措、储备的品种数量和订购、储备周期,确保保障器材与保障对象相配套,品种数量与保障需求相吻合。

5. 保障技术先进性 C_{19}

保障技术先进性包括装备保障研究技术、装备保障效能评估技术、装备保障维修技术。其中,装备保障研究新技术包括基于耗散结构的装备保障信息化体系、基于数据挖掘技术的装备保障信息资源管理、基于多维可视化技术的装备保障指挥、基于网格技术的装备保障数据集成服务模型等;装备保障效能评估新技术包括基于模糊理论的装备保障效能评估技术、基于神经网络理论的装备保障效能评估技术、基于数据仓库理论的装备保障效能评估技术；装备保障维修新技术包括虚拟维修技术、以网络为中心和基于状态的维修技术、智能诊断和维修技术（如便携式维修辅助设备、嵌入式诊断技术、交互式电子技术手册、维修专家系统）等。

6. 维修方式适应性 C_{20}

维修方式适应性是指维修方式满足保障任务需求，适应不同作战环境的能力。维修方式对机构平战兼容能力、保障力量模块化、积木式编成能力、维修手段综合集成能力、保障资源通用能力具有重要影响。

7. 保障体制适应性 C_{21}

保障体制适应性是指装备保障体制与保障任务相匹配，与保障力量、保障装备、保障设施相适应，与保障信息系统相配套的程度。保障体制是装备保障的体系与相应制度的统称，是为组织实施装备保障工作而确立的组织体系、职责分工和相应的法规制度；组织体系是体制中的组织结构或结构框架的设置；各结构层（点）的职责、任务权限、相互关系、工作程序等需要法规体系来明确和规范。

8. 故障诊断与修复能力 C_{22}

故障诊断与修复能力是修理部（分）队修理待修装备，组织计划修理工作，使用调配修理力量，以及组织器材供应的能力。

9. 装备抢救抢修能力 C_{23}

装备抢救抢修能力是运用应急诊断技术对装备的损伤程度评估、快速修复损伤装备，使之及时投入战斗的能力，是完成当前的作战任务或能实施自救的基础。

综上所述，装备保障转型目标能力体系如图 2-2 所示。

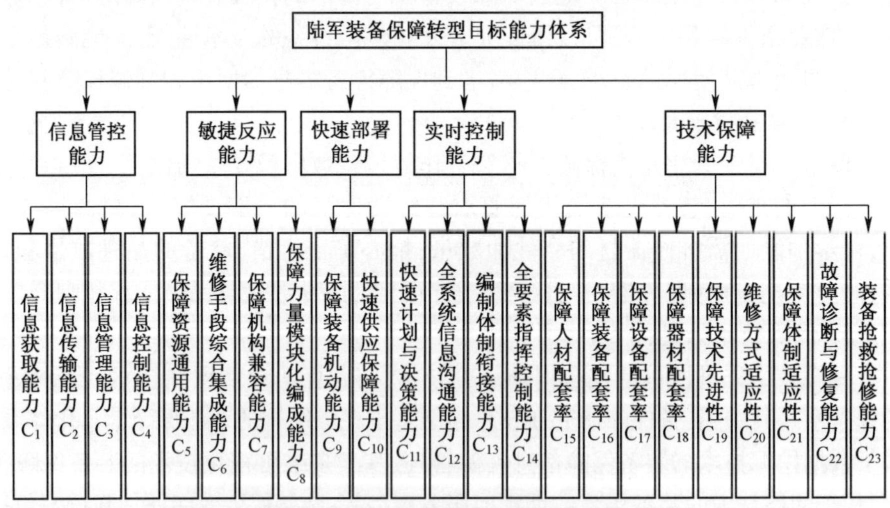

图 2-2　装备保障转型目标能力体系

2.3 基于 AHP 和粗糙集的陆军装备保障转型目标能力重要度确定

保障转型的相对重要度确定是质量屋构建过程一个关键步骤,是 QFD 规划过程中有效地确定转型关键要素的重要依据。任务需求的相对重要度确定方法有多种,如问卷调查法、专家评价法(Delphi 法)、层次分析法(AHP)等,由于这些方法的基本数据来源于专家的主观判断,因此其确定结果带有一定程度的主观性,本节将该类方法得到的重要度称为主观重要度。与之相对应,粗糙集方法可以直接依据样本的属性数据得到重要度确定,其数据来源具有客观性,本节将该类方法得到的重要度称为客观重要度。相比之下,尽管主观重要度来源于主观数据,但在专家确定的数据较为客观时,其结果确定相对较为精确,但难以保证专家数据的客观性;而客观重要度来源于客观数据,但其结果确定相对粗糙。因此,本节将两种方法相结合,运用 AHP 确定陆军装备保障转型目标能力的主观重要度,运用粗糙集方法确定目标能力的客观重要度,再将二者进行加权平均作为最终的目标能力重要度,从而在一定程度上保证了转型目标能力权重的客观性和科学性。

2.3.1 基于 AHP 的主观权重确定

选用 1~9 标度,经权威专家对信息管控能力 A_1、敏捷反应能力 A_2、快速机动能力 A_3、实时控制能力 A_4、技术保障能力 A_5 进行两两判断,得到判断矩阵为

$$
\boldsymbol{A}=\begin{pmatrix}
1 & \frac{3}{2} & \frac{7}{5} & \frac{9}{2} & \frac{4}{5} \\
\frac{2}{3} & 1 & \frac{5}{9} & \frac{7}{5} & \frac{3}{4} \\
\frac{5}{7} & \frac{9}{5} & 1 & \frac{2}{3} & \frac{3}{7} \\
\frac{2}{9} & \frac{5}{7} & \frac{3}{2} & 1 & \frac{8}{9} \\
\frac{5}{4} & \frac{4}{3} & \frac{7}{3} & \frac{9}{8} & 1
\end{pmatrix}
$$

上述矩阵的最大特征值为 $\lambda_{\max}=5.3966$,其对应的特征向量为

$$
\boldsymbol{p}=(0.6312 \quad 0.3275 \quad 0.3355 \quad 0.3079 \quad 0.5357)
$$

$$\mathrm{CI} = \frac{\lambda_{\max} - n}{n - 1} = \frac{5.3966 - 5}{4} = 0.0992$$

$\mathrm{CR} = \frac{\mathrm{CI}}{RI} = \frac{0.0992}{1.12} = 0.0886 < 0.1$,所以判断矩阵具有满意的一致性,求得的结果是可信的。

把 $\boldsymbol{p}$ 归一化,得

$$\boldsymbol{p}_1 = (0.2953 \quad 0.1532 \quad 0.1569 \quad 0.1440 \quad 0.2506)$$

2.3.2 基于粗糙集的客观权重确定

AHP 确定的权重为主观重要度,可应用粗糙集理论来确定转型目标的客观重要度。

粗糙集理论是波兰数学家 Pawlak 于 20 世纪 80 年代初提出的一种分析数据的数学理论,它可以处理不精确、不确定、不完全数据。粗糙集理论的显著特点是:它仅利用数据本身提供的信息,不需要提供所需处理数据集以外的任何其他先验信息,根据数据本身来删除冗余信息,比较知识的粗糙度、属性间的重要度,抽取分类规则。由于推理过程完全是由数据决定的,所以具有客观性,这是该理论最主要的优点。

1. 知识系统表达

在粗糙集中,利用信息表来描述论域中的数据集合,本小节采用粗糙集的知识系统表达来表示调查的所有样本,一个知识系统表达定义为一个四元组:

$$\boldsymbol{S} = (\boldsymbol{U}, \boldsymbol{A}, \boldsymbol{V}, f)$$

式中:$\boldsymbol{U}$ 为论域,是全体样本的集合 $\boldsymbol{U} = \{u_1, u_2, u_3, \cdots, u_n\} \neq \boldsymbol{\Phi}$;$\boldsymbol{A}$ 表示所有的属性非空有限集合;$\boldsymbol{V}_\alpha$ 为属性 α 的值域 $\boldsymbol{V} = \bigcup_{\alpha \in A} V_\alpha$;$f$ 为一个信息函数,$f: \boldsymbol{U} \times \boldsymbol{A} \to \boldsymbol{V}$,用来确定论域中的每一个对象 x 的属性值。

2. 集合的近似

为了描述知识的粗糙程度,引入近似集的概念,给定知识系统表达 $\boldsymbol{S} = (\boldsymbol{U}, \boldsymbol{A}, \boldsymbol{V}, f)$。

定义 2.1 $\boldsymbol{B}$ 对于每个属性子集 $\boldsymbol{B} \subseteq \boldsymbol{A}$ 的不可分辨关系定义为

$$\mathrm{IND}(\boldsymbol{B}) = \{(x, y) \in U^2 : \forall \alpha \in \boldsymbol{A}, f(x, \alpha) = f(y, \alpha)\} \tag{2.1}$$

定义 2.2 对每个对象子集 $\boldsymbol{X} \subset \boldsymbol{U}$ 和不可分辨关系 $\mathbf{B}$、$\mathbf{X}$ 的下、上近似集定义为

$$B_{-}(\boldsymbol{X}) = \{x \in \mathbf{U} \mid [x]_{\mathrm{IND(B)}} \in \boldsymbol{X}\}; B^{-}(\boldsymbol{X}) = \{x \in \mathbf{U} \mid [x]_{\mathrm{IND}(B)} \cap \boldsymbol{X} \neq \Phi\} \tag{2.2}$$

式中：IND($\boldsymbol{B}$) 表示 x 关于 $\boldsymbol{B}$ 的等价类。

定义 2.3 设 $\boldsymbol{A}$ 和 $\boldsymbol{B}$ 是属性集 R 的子集，则属性 $\boldsymbol{B}$ 相对于属性 $\boldsymbol{A}$ 的正定义域为

$$\mathrm{Pos}_B(\boldsymbol{A}) = \sum_{X \in \frac{U}{A}} B_-(\boldsymbol{X}) \tag{2.3}$$

即由 $\boldsymbol{B}$、$\boldsymbol{A}$ 形成两个划分 $\boldsymbol{U/B}$ 和 $\boldsymbol{U/A}$。$\boldsymbol{U/A}$ 中所有 $\boldsymbol{X}$ 的 $\boldsymbol{B}$ 下近似 $B_-(\boldsymbol{X})$ 构成 A 的正定义域 $\mathrm{Pos}_B(\boldsymbol{A})$。

定义 2.4 设 $\alpha \in \boldsymbol{A}$，若 $\mathrm{IND}(\boldsymbol{A}) \neq \mathrm{IND}(\boldsymbol{A} - \{\alpha\})$，则 α 在 $\boldsymbol{A}$ 中是必要的，否则，α 是冗余的。

3. 属性重要度计算

在决策表中，不同属性的重要性可能不同，为了得出某些属性（或属性集）的重要性，一般是从表中去掉某个属性，再考察没有该属性后分类会怎样变化。若去掉该属性后相应的分类变化较大，就说明该属性的重要性较高；反之，该属性的重要性较低。

定义 2.5 对于评价决策表 $\boldsymbol{S}=(\boldsymbol{U},\boldsymbol{A},\boldsymbol{V},f)$，$\boldsymbol{C}\cup\boldsymbol{D}=\boldsymbol{R}$，某条件属性 $c_i \in \boldsymbol{C}(i=1,2,\cdots,n)$ 相对于决策属性的重要度定义为

$$k_i = \frac{\mathrm{card}(\mathrm{Pos}_C(\boldsymbol{D})) - \mathrm{card}(\mathrm{Pos}_{\{C-\{c_i\}\}}(\boldsymbol{D}))}{\mathrm{card}(\boldsymbol{U})} \tag{2.4}$$

式中：card($\boldsymbol{U}$) 表示集合 $\boldsymbol{U}$ 的元素个数；$\mathrm{Pos}_{\{C-\{c_i\}\}}(\boldsymbol{D})$ 为 $\boldsymbol{D}$ 相对于 $(\boldsymbol{C}-\{c_i\})$ 的正域；$\mathrm{card}(\mathrm{Pos}_{\{C-\{c_i\}\}}(\boldsymbol{D}))$ 表示集合 $\mathrm{Pos}_{\{C-\{c_i\}\}}(\boldsymbol{D})$ 中的元素个数。k_i 越大，表示条件属性 c_i 越重要。

对上述各属性的重要性进行归一化处理就可以得到各属性的客观重要度：

$$g_i = \frac{k_i}{\sum_{i=1}^{m} k_i} \tag{2.5}$$

通过对 A_1、A_2、A_3、A_4、A_5、A_6 等 6 个军事实体在 5 个能力水平及总体保障能力评价水平进行估计，得到 6 个数据样本，如表 2-1 所列。

表 2-1 陆军装备保障转型目标重要度采集表

军事实体 A	条件属性 C					总体保障能力评级 D
	X_1 信息管控能力	X_2 敏捷反应能力	X_3 快速部署能力	X_4 实时控制能力	X_5 技术保障能力	
A_1	3	2	2	2	3	A
A_2	3	2	3	2	3	A
A_3	3	2	2	1	3	B

（续）

军事实体 A	条件属性 C					总体保障能力评级 D
	X_1 信息管控能力	X_2 敏捷反应能力	X_3 快速部署能力	X_4 实时控制能力	X_5 技术保障能力	
A_4	2	2	2	1	3	B
A_5	3	1	3	2	3	C
A_6	3	2	2	1	2	C
注:1 表示不重要,2 表示一般,3 表示重要						

保障能力水平分为三类,分别为 A、B、C 三个等级。

$$\begin{cases} U/\text{Ind}(D) = \{\{1,2\},\{3,4\},\{5,6\}\} \\ U/\text{Ind}(C) = \{\{1\},\{2\},\{3\},\{4\},\{5\},\{6\}\} \\ U/\text{Ind}(C - X_1) = U/\text{Ind}(X2,X3,X4,X5) = \{\{1\},\{2\},\{3,4\},\{5\},\{6\}\} \\ U/\text{Ind}(C - X_2) = U/\text{Ind}(X1,X3,X4,X5) = \{\{1\},\{2,5\},\{3\},\{4\},\{6\}\} \\ U/\text{Ind}(C - X_3) = U/\text{Ind}(X1,X2,X4,X5) = \{\{1,2\},\{3\},\{4\},\{5\},\{6\}\} \\ U/\text{Ind}(C - X_4) = U/\text{Ind}(X1,X2,X3,X5) = \{\{1,3\},\{2\},\{4\},\{5\},\{6\}\} \\ U/\text{Ind}(C - X_5) = U/\text{Ind}(X1,X2,X3,X4) = \{\{1\},\{2\},\{3,6\},\{4\},\{5\}\} \end{cases}$$

$$\begin{cases} \text{Pos}_{|C|}(D) = \{\{1\},\{2\},\{3\},\{4\},\{5\},\{6\}\} \\ \text{Pos}_{|C-\{X1\}|}(D) = \{\{1\},\{2\},\{3,4\},\{5\},\{6\}\} \\ \text{Pos}_{|C-\{X2\}|}(D) = \{\{1\},\{3\},\{4\},\{6\}\} \\ \text{Pos}_{|C-\{X3\}|}(D) = U/\text{Ind}(C - X3) = \{\{1,2\},\{3\},\{4\},\{5\},\{6\}\} \\ \text{Pos}_{|C-\{X4\}|}(D) = \{\{2\},\{4\},\{5\},\{6\}\} \\ \text{Pos}_{|C-\{X5\}|}(D) = \{\{1\},\{2\},\{4\},\{5\}\} \end{cases}$$

$$\begin{cases} k_1 = \dfrac{\text{card}(\text{Pos}_C(D)) - \text{card}(\text{Pos}_{|C-\{c_1\}|}(D))}{\text{card}(U)} = \dfrac{1}{6} \\ k_2 = \dfrac{\text{card}(\text{Pos}_C(D)) - \text{card}(\text{Pos}_{|C-\{c_2\}|}(D))}{\text{card}(U)} = \dfrac{1}{3} \\ k_3 = \dfrac{\text{card}(\text{Pos}_C(D)) - \text{card}(\text{Pos}_{|C-\{c_3\}|}(D))}{\text{card}(U)} = \dfrac{1}{6} \\ k_4 = \dfrac{\text{card}(\text{Pos}_C(D)) - \text{card}(\text{Pos}_{|C-\{c_4\}|}(D))}{\text{card}(U)} = \dfrac{1}{3} \\ k_5 = \dfrac{\text{card}(\text{Pos}_C(D)) - \text{card}(\text{Pos}_{|C-\{c_5\}|}(D))}{\text{card}(U)} = \dfrac{1}{3} \end{cases}$$

所以相对重要性为 $\left(\frac{1}{6}\quad\frac{1}{3}\quad\frac{1}{6}\quad\frac{1}{3}\quad\frac{1}{3}\right)$，归一化后为 $\boldsymbol{\omega}_1=\left(\frac{1}{8}\quad\frac{1}{4}\quad\frac{1}{8}\quad\frac{1}{4}\quad\frac{1}{4}\right)$。

2.3.3 转型目标综合权重的确定

用粗糙集方法所求得的相应属性权重为客观权重,与之相应的层次分析法得出的权重为主观权重,综合权重为

$$\omega=[\lambda \boldsymbol{p}_1+(1-\lambda)\boldsymbol{\omega}_1],\lambda\in[0,1] \tag{2.6}$$

其中,取 $\lambda=0.5$,得到最终权重为

$$\boldsymbol{\omega}_2=(0.2102\quad 0.2016\quad 0.141\quad 0.197\quad 0.2503)$$

上述权重是在不考虑目标之间相关性的前提下得到的,经咨询权威专家的意见,考虑目标之间的相关性,且自相关矩阵为

$$\boldsymbol{R}=\begin{pmatrix}1 & 0.7 & 0.3 & 0.8 & 0.1\\ 0.7 & 1 & 0.4 & 0.6 & 0.2\\ 0.3 & 0.4 & 1 & 0.2 & 0.4\\ 0.8 & 0.6 & 0.2 & 1 & 0.1\\ 0.1 & 0.2 & 0.4 & 0.1 & 1\end{pmatrix}$$

传递闭包为

$$t(\boldsymbol{R})=\begin{pmatrix}1 & 0.7 & 0.4 & 0.8 & 0.4\\ 0.7 & 1 & 0.4 & 0.7 & 0.4\\ 0.4 & 0.4 & 1 & 0.4 & 0.4\\ 0.8 & 0.7 & 0.4 & 1 & 0.4\\ 0.4 & 0.4 & 0.4 & 0.4 & 1\end{pmatrix}$$

最终转型目标重要度为

$$\boldsymbol{\omega}_3=(0.6654\quad 0.6431\quad 0.4846\quad 0.6627\quad 0.5502)$$

归一化后,可得

$$\boldsymbol{\omega}_{\text{最终}}=(0.2213\quad 0.2139\quad 0.1612\quad 0.2205\quad 0.1831)$$

由此可得,信息管控能力的权重值为 0.2213,敏捷反应能力的权重值为 0.2139,快速部署能力的权重值为 0.1612,实时控制能力的权重值为 0.2205,技术保障能力的权重值为 0.1831。各能力权重值表明了该能力在陆军装备保障转型目标中的地位,为后续研究提供了数据支持。

2.4 基于 QFD 的转型关键要素确定

2.4.1 基于 QFD 的转型要素权重求解

由于关联度语言变量具有一定的模糊性,本小节确定关联度时采用三角模糊数表示,并最后通过反模糊化形成清晰化的值。以 1~9 为标度的三角模糊数的隶属函数如图 2-3 所示。

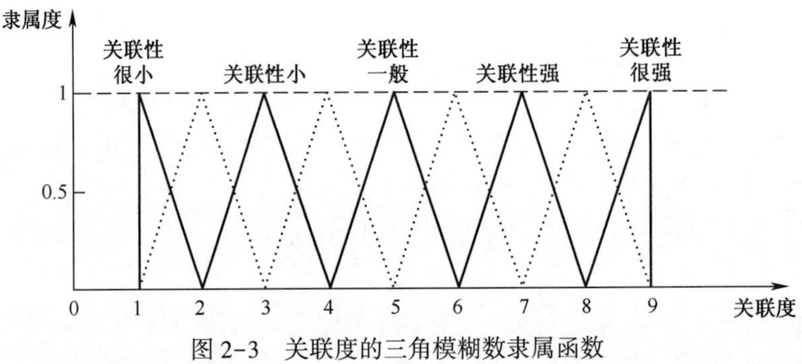

图 2-3 关联度的三角模糊数隶属函数

三角模糊数可以表示为 $\widetilde{M}=(l,m,r)$,其中 m 表示模糊数的中间值, $r-m=m-l=\delta$ 表示判断的模糊数, δ 越大则表示判断的模糊性越大,当 $\delta=0$,则表示三角模糊数退化为精确值。一般情况下 $\delta \geqslant 0.5$,这里取 $\delta=1$,这样可以建立保障转型目标与各个转型要素之间的模糊关联度矩阵。对模糊数进行清晰化处理,三角模糊数 $\widetilde{M}=(l,m,r)$,其清晰化公式为:

$$M=(4m+l+r)/6 \tag{2.7}$$

根据权威专家提供的意见和建议,得到模糊关联度矩阵的转置矩阵为

$$\boldsymbol{R}^{\mathrm{T}}=\begin{bmatrix}
(1,2,3) & (0,1,2) & (0,1,2) & (0,1,2) & (6,7,8)\\
(6,7,8) & (7,8,9) & (3,3,4) & (3,4,4) & (6,7,8)\\
(1,2,2) & (6,7,8) & (4,5,6) & (1,2,3) & (7,8,9)\\
(2,3,4) & (5,6,7) & (7,8,8) & (5,6,7) & (7,8,8)\\
(2,3,3) & (1,2,3) & (1,1,2) & (1,2,2) & (4,5,6)\\
(1,1,2) & (3,4,5) & (3,4,5) & (1,2,3) & (4,5,6)\\
(7,8,9) & (7,8,9) & (7,8,8) & (7,8,8) & (4,5,6)\\
(8,9,9) & (7,8,8) & (5,6,7) & (7,8,9) & (1,2,3)\\
(6,7,8) & (2,3,4) & (1,1,2) & (1,1,2) & (1,2,3)\\
(6,7,8) & (7,8,8) & (1,2,3) & (7,8,9) & (5,6,7)\\
(7,8,8) & (5,6,7) & (3,4,5) & (7,8,8) & (4,5,6)\\
(7,8,9) & (7,8,8) & (1,1,2) & (6,7,8) & (1,1,2)
\end{bmatrix}$$

据此把上述矩阵清晰化，得到清晰化后矩阵$\boldsymbol{R}_1$ 的转置矩阵为

$$\boldsymbol{R}_1^{\mathrm{T}} = \begin{bmatrix} 2 & 1 & 1 & 1 & 7 \\ 7 & 8 & 3.167 & 3.833 & 7 \\ 1.833 & 7 & 5 & 2 & 8 \\ 3 & 6 & 7.833 & 6 & 7.833 \\ 2.833 & 2 & 1.167 & 1.833 & 5 \\ 1.166 & 4 & 4 & 2 & 5 \\ 8 & 8 & 7.833 & 7.833 & 5 \\ 8.833 & 7.833 & 6 & 8 & 2 \\ 7 & 3 & 1.167 & 1.167 & 2 \\ 7 & 7.833 & 2 & 8 & 6 \\ 7.833 & 6 & 4 & 7.833 & 5 \\ 8 & 7.833 & 1.167 & 7 & 1.167 \end{bmatrix}$$

因此，转型相关要素的权重为

$\boldsymbol{W} = \boldsymbol{\omega}_{最终} \times \boldsymbol{R}_1 =$

(2.3199　5.8977　4.6147　5.9672　2.5625　3.1149　7.3870　6.7276　3.0024　6.4096　6.3043　5.3912)

把上述权重归一化，可得

(0.0389　0.0988　0.0773　0.1　0.0429　0.0522　0.1237　0.1127　0.0503　0.1074　0.1056　0.0903)

装备保障转型目标能力-要素质量屋如图 2-4 所示。

	转型要素 权重	保障文化	保障理论	保障技术	保障装备	保障设施	保障器材	保障人才	保障信息	保障法规	保障组织	保障体制	运行机制
信息管控能力	0.2213	2	7	1.833	3	2.833	1.166	8	8.833	7	7	7.833	8
敏捷反应能力	0.2139	1	8	7	6	2	4	8	7.833	3	7.833	6	7.833
快速部署能力	0.1612	1	3.167	5	7.833	1.167	4	7.833	6	1.167	2	4	1.167
实时控制能力	0.2205	1	3.833	2	6	1.833	2	7.833	8	1.167	8	7.833	7
技术保障能力	0.1831	7	7	8	7.833	5	5	5	2	2	6	5	1.167
	得分	2.3199	5.8977	4.6147	5.9672	2.5625	3.1149	7.387	6.7276	3.0024	6.4096	6.3043	5.3912
	比例	0.0389	0.0988	0.0733	0.1	0.0429	0.0522	0.1237	0.1127	0.0503	0.1074	0.1056	0.0903

图 2-4　陆军装备保障转型目标能力-要素质量屋

从图 2-4 中，得到了转型要素的权重。将装备保障转型要素的权重按由大到小的顺序进行排列，可以清晰描述要素权重大小。因此，将要素权重结果用帕

累托图表示,如图 2-5 所示。

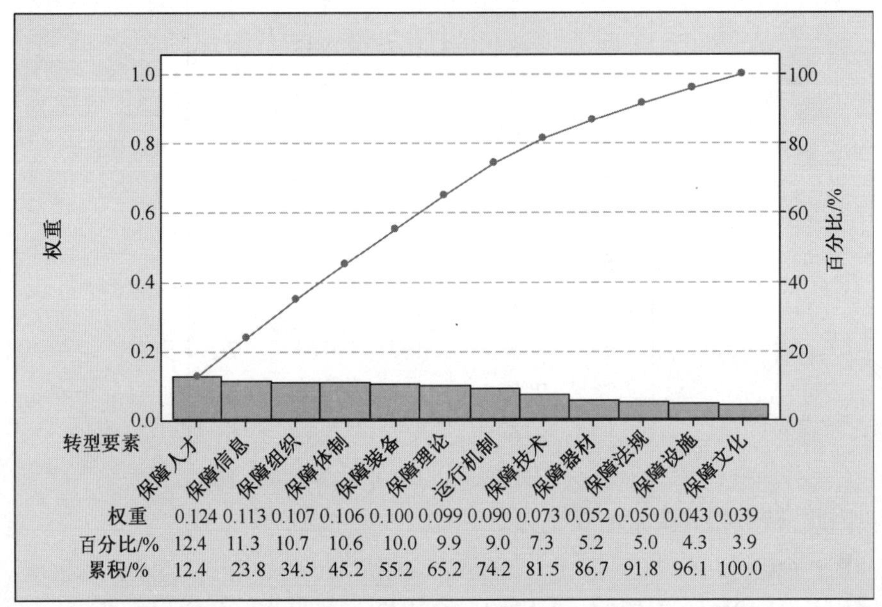

图 2-5　QFD 运算结果的帕累托图表示

2.4.2　转型关键要素确定

根据 QFD 的分析结果,可对转型关键要素进行确定。在确定转型关键要素中,可参考帕累托定律描述。帕累托定律又称为二八定律,认为重要度总和占前 80%的要素为主要的要素,因此,本小节取重要度总和占前 80%的要素为关键要素。

权重为 0. 0389、0. 0429、0. 0503 的保障文化、保障设施和保障法规所占的比重之和为 13. 21%,是转型要素中相对不重要的部分,只需要根据转型活动的发展随之进行即可。

保障理论、保障装备、保障技术、保障器材、保障人才、保障信息、保障组织(包含保障力量、保障机构、保障辅助系统)、保障体制(包含维修保障方式)、运行机制所占比重为 86. 79%,本小节将这 9 个要素定义为转型的关键要素。将其归一化,得到相对比重为保障人才:15%,保障信息:14%,保障组织:12%,保障体制:12%,保障装备:12%,保障理论:11%,运行机制:10%,保障技术:8%,保障器材:6%,如图 2-6 所示。

(1) 在分析当前陆军装备保障能力需求的基础上,从信息管控能力、敏捷反应能力、快速部署能力、实时控制能力和技术保障能力五个方面构建了陆军装备

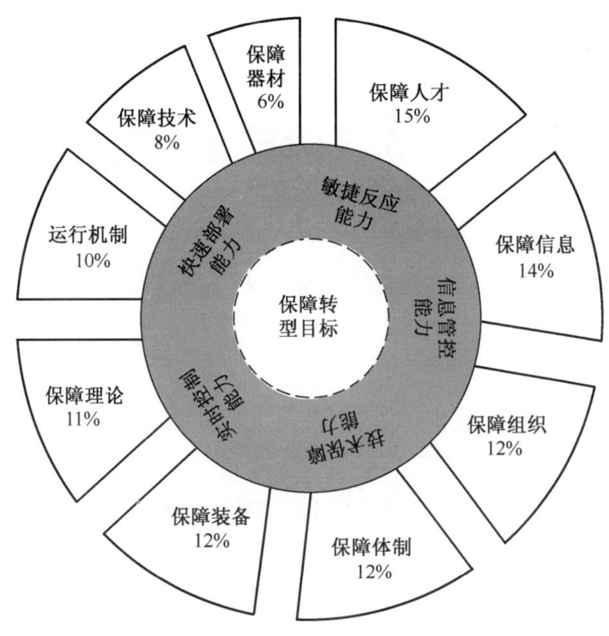

图 2-6　保障转型关键要素

保障转型目标能力指标体系。

(2) 将 AHP 和粗糙集结合,运用 AHP 方法确定主观权重,运用粗糙集方法确定客观权重,二者综合确定陆军装备保障转型目标能力的重要度。

(3) 以目标-因素分析为基础,建立了装备保障转型目标能力-要素质量屋,进行 QFD 运算得到转型要素的权重,并确定了转型关键要素。

第3章　陆军装备保障转型战略分析模型

转型战略是陆军装备保障转型实施的先导,为转型提供指南。有效的战略是转型成功的必要保证。

3.1　基于系统工程思想的战略目标确定方法研究

战略目标是系统预期取得主要成果的期望值,是系统使命和功能的具体化。战略目标具有宏观性、长期性、稳定性、全面性等特点。战略是为目标服务的,战略目标的选择是关乎一个系统发展至关重要的问题,战略目标选择不适当,将直接导致发展方向的错误。战略目标确定中,由于没有成熟有效的确定方法,在实际操作上,人们往往采用直观想象的方法,目标确定往往伴随着决策者及相关辅助专家的"灵感",或者采用"头脑风暴"等方法,难以保证战略目标制定的科学性和系统性。

从战略目标的发展作用来看,战略目标往往可以看做系统发展愿景的实现途径,从这个角度讲,战略目标是将愿景落实到现实中的一种手段;从战略目标的竞争作用来看,战略是使系统从竞争对手中脱颖而出,保证自身生存和发展的宏观指导,从这个角度讲,战略目标是将自身实际和竞争对手与环境相结合的产物;从战略目标的客观作用来看,战略是在一定时期对自身各个方面发展,以适应环境的需要的客观要求,从这个角度讲,战略目标是在环境对系统的客观要求的基础上,确定系统在一定时期内能够达到的各种指标进行的合理演绎。因此,本节提出战略目标制定的主要方法有愿景目标法、竞争定位法和指标演绎法。

3.1.1　系统战略目标内容分析

系统的战略目标主要体现在:对输入的影响、对输出的影响、对环境的影响、系统组元变化、系统结构变化、系统运行变化等方面。

在输入方面,主要考虑系统面对的服务对象在规模、范围和层次方面的变化。如提高院校招生员额属于服务规模方面,提高院校培养的人员来源属于范围方面,"新增院校博士研究生招生"属于层次方面。

在输出方面,主要考虑系统对输入进行的转换在质量、对环境影响等方面发生的变化。如院校希望培养的学生得到社会相当程度的认可等。

在环境方面,主要考虑通过系统功能发挥,对环境进行有效影响方面的变化。

在系统组元方面,主要包括通过提升组元的数量、质量,如院校引进院士、长江学者,改善学员结构等。

在系统结构方面,主要考虑通过系统内部的结构调整,通过系统的自身组织,进行自我完善。

在系统运行方面,主要通过改变系统内部的运行,通过系统的自学习,进行自我完善。

战略目标各个方面的关系如图 3-1 所示,战略目标主要面向环境而言,因此,战略目标的制定重点在于输入、输出的管理,输入、输出是系统连接环境的界面,在战略目标中处于重要位置,是战略目标制定的关键。组元、结构、运行主要考虑的是系统内部部分,是考虑系统适应环境所做的调整方面的战略因素。

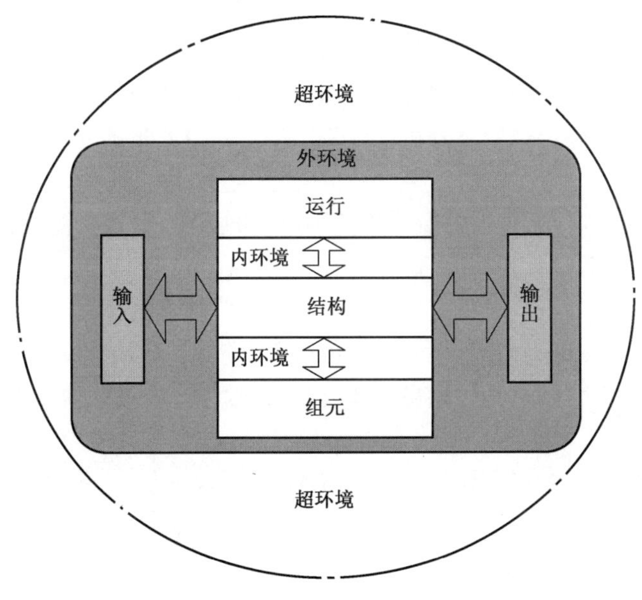

图 3-1　战略目标关系图

3.1.2　战略目标确定方法

1. 愿景目标法

愿景是愿望的景象,是一种集体的认知图像和心理模式,战略目标是愿景的分解，比愿景更明确、更具体。愿景主要包括三个要素：发展方向和涉及边界；地位目标；需求及所需具备能力。因此，由愿景出发对战略目标分析，称为愿景目标法。愿景目标法的主要步骤如下。

(1) 愿景明晰。主要明确系统发展的愿景是什么。从目前看，愿景是在确定系统的发展方向和涉及边界、地位目标、需求及所需具备能力的基础上，采用形象生动的语言进行描述。愿景往往来源于决策者的顿悟、集体的智慧以及个人的意志三个方面。无论采用何种形式，一旦愿景提出来，在确定战略目标时，首先需要分析愿景的三要素，以此作为战略目标提出的基础。

(2) 方向分析。愿景是系统在较长时间的定位，而战略目标要求具有可行性。因此本步骤要在明确愿景三要素的基础上，将愿景与环境、系统内部情况结合考虑，对愿景中可实现的部分进行分析归纳，找出其中适合一段时期完成的方向或途径。

(3) 目标确定。在方向分析的基础上，将确定的目标方向或途径进行具体化，确定具体可实现的目标。

2. 竞争定位法

竞争定位法主要通过对战略目标中的竞争对象情况进行分析确定。其主要目标是刻画自身处于本领域的定位，其核心是如何获得相对竞争优势，即将自身目前定位和未来发展定位做出分析。竞争定位法的主要步骤如下。

(1) 竞争对象分析。竞争对象分析是竞争定位的基础。欲确定竞争定位，首先需要明确竞争对象，主要需要明确竞争对象的数量、分布、优势、特点等。明确了竞争对象，才能对自身情况进行定位。

(2) 自身定位分析。自身定位分析是竞争定位的关键。在了解竞争对象基本形势的基础上，对自身情况进行分析，包括自身相对于竞争对象的优势、劣势；当前和近期及未来能够具备的能力以及可动用的资源；通过合理运用自身资源，能够达到的水平等。

(3) 目标分析与表述。通过对竞争对象现状及未来发展方向、自身条件和资源情况及未来可能达到水平的分析，确定本系统当前及在一段时期内可能达到的位置，从而确定本系统在未来的同类型系统中达到的定位水平。

3. 指标演绎法

在明确发展水平的情况下，通过类比研究，演绎该发展水平所需要发展的各项分指标水平，从而进一步确定分目标。指标演绎法主要步骤如下。

(1) 目标水平定位。在对系统所处的紧密环境及任务要求进行分析的基础上，根据环境对系统的能力需求，分析未来系统对环境的需求和影响。可以从系统需要适应的环境分析、系统任务分析、系统能力需求分析、系统现实基础和发展方向分析等方面进行展开。

(2) 目标制定影响因素分析。从指定目标主要的影响因素出发,通过调查和分析,考察各影响因素对目标的影响机理和作用关系。按照影响因素对目标制定的影响层面,可以分为直接作用关系、指导控制关系、基础支撑关系、其他影响关系等。

(3) 分项指标确定。分项指标是目标水平的明确化,也是指标演绎法的目标结论。确定分项指标可为战略目标制定提供抓手和方向,这就需要从全系统角度出发展开分析,找出关键的指标及满足目标要求的指标水平。

3.1.3 战略目标表述形式

由于战略目标确定的要求和目的不同,其所得到的目标内涵和形式也会有所不同,下面分别对三种方法得到的目标的基本内容和表述形式加以分析。

1. 愿景描述法

愿景描述法是将战略目标刻画成一幅生动形象的图画的方法。由愿景描述法主要步骤可知,愿景描述法描述目标必须得到以下基本内容:系统输入及其重点;系统输出及典型形式;系统功能及表现形式。

在明确基本功能的基础上,选取典型的系统输入和输出形式,突出系统的典型功能或重点功能,以情境化的形式,突出表现系统功能。

从形式上,愿景描述法将系统功能深刻表现,容易在系统功能上形成突出印象,容易达成系统内部的统一认识,深刻揭示系统未来发展的愿景。

2. 竞争描述法

竞争描述法描述目标必须包括以下基本内容:竞争对象范围;系统当前所处地位;系统未来所处地位。

在明确系统功能和竞争对象的基础上,选取系统在同类系统中合适的作用地位,突出表现系统的核心能力及其水平。

在形式上,竞争描述法将系统的作用地位突出展现,容易在系统作用地位上形成突出印象,为系统内部形成激励效应奠定基础。

3. 指标描述法

指标描述法描述目标应包括以下内容:系统达到的整体能力及水平;系统达到整体能力所需要的主要方面;系统达到能力各个方面需要的主要指标。

在明确系统发展水平的基础上,重点描述达成系统总体目标所需要的分项指标及具体指标水平。

该描述方法更容易对目标实现的现实性进行识别,对于系统内部分工和分项目标的达成具有更加积极的影响。

3.1.4 三种方法的比较

由于愿景目标法、竞争定位法和指标演译法三种方法可以根据战略目标制定的不同需求进行灵活使用，下面对三种方法进行比较分析，具体如表 3-1 所列。

表 3-1 三种方法的比较分析

方法名称	愿景目标法	竞争定位法	指标演绎法
出发点	基于目标情境	基于竞争对象	基于能力水平
目标表现形式特点	生动展现系统功能和输入输出范围	明确展现竞争对象特点和系统所处位置	细致展现目标达成的所需要达到的各项具体下一级的指标，更利于确定系统结构和运行调整方向
适应情况	重在分析系统功能，明确系统输入、输出	在明确系统输入、输出及功能的基础上，重在分析同类系统，明确系统在大系统中的地位作用	重在分析系统在整体水平上需要达成的目标及达到该水平需要的关键性表现和指标，为进一步的措施提供抓手

三种方法确定的目标离理想和现实的距离有所不同，愿景相对来讲距离理想较近，离现实较远，更能够聚合系统内部一致性；指标描述法距离现实较近，距离理想较远，更具操作性。

战略目标确定是战略规划的重要组成部分。在系统研究战略目标基本分析的基础上，运用系统工程思想，对系统战略目标的内容进行分析，明确了战略目标内容的不同方面及其相互关系，研究了确定系统战略目标的愿景目标法、竞争定位法和指标演绎法三种方法，并归纳了战略目标表述的三种形式，为分析和构建系统战略目标提供了系统工程方法。

3.2 基于指标演绎法的陆军装备保障转型目标定位

目前，我国陆军保障力量总体上仍以传统的数量规模型为主，人员构成以体能和单一技能型为主，编制体制以多层次树型结构为主，维修保障模式以数量规模型保障为主，与信息化战争装备保障要求存在较大差距，陆军装备保障转型势在必行。

确定转型目标是陆军保障转型实施的前提和基础，为陆军装备保障模式提供目标和方向。在进行目标选择上，由于缺乏科学方法，往往采用借鉴法、类比法等方法，通过跟踪研究，延续发达国家的做法，并在一定程度上结合自身情况进行规划。

3.2.1 陆军保障转型目标水平定位

转变陆军部队装备保障模式，提高装备保障信息化水平，为我军打赢信息化战争提供坚强有力的装备保障,是新世纪新阶段装备保障建设转型的战略任务。在转型目标定位上,必须准确把握使命任务、战争特点和武器装备发展,解决装备保障模式朝什么方向转型这个重大问题。

1. 与提高基于信息系统的体系保障能力相适应

随着以信息技术为核心的高新技术快速发展及其在军事领域的广泛应用,战争形态由机械化战争向信息化战争转变。装备保障建设必须围绕战争形态变化和中国特色军事变革,着眼提高基于信息系统的体系作战保障能力,逐步建立完善与作战指挥融合的装备保障指挥系统,不断优化信息化条件下装备保障体系结构,加速推进平战一体的装备保障信息化手段建设,全面配套信息化条件下装备保障训练条件,促进保障能力生成模式由机械化向信息化、由要素增长向体系增长、由规模扩大向结构优化转变,加快推进装备保障转型。

2. 与提高陆军装备保障的精确化水平相适应

为了适应信息化条件下作战行动精确快速的要求,装备保障系统必须能根据战场态势,准确预测保障需求,正确运用各种保障手段和力量,以保障速度代替保障数量,实现装备保障效率最大化。为此,装备保障系统应该具备以下几种能力:一是具有与快速精确的机动作战相应的伴随机动能力,及时、有效地实施机动作战过程中的各种保障行动;二是具有与持久高强度打击能力相适应的准确及时的弹药补给能力;三是具有与作战样式频繁转换相适应的敏捷反应能力,以便随时根据作战行动的变化进行相应的装备保障行动调整。

3. 与陆军未来担负的多样化军事任务相适应

根据对我国安全形势的分析预测以及陆军战略定位、战争形态变化,未来陆军担负的任务主要包括局部战争行动、战略威慑、控边固防、维护社会稳定、联合信息作战、国际维和行动、试验任务以及抢险救灾等应急行动。从上述任务中可以看出,陆军遂行作战任务具有多样性和不确定性。我军使命任务的新拓展、核心军事能力建设的新目标、军事斗争准备的新要求,是陆军装备保障转型必须把握的战略导向。必须紧紧围绕这个战略导向,科学确立陆军装备保障转型的目标、原则,提高完成多样化军事任务装备保障能力。

4. 与高新装备发展相适应

随着高新技术装备陆续配备部队,我军装备信息化建设的步伐进一步加快。高新技术装备结构更加复杂,其作战运用、操作使用、日常管理、检测修理等都发生了质的变化,传统的基于型号的装备保障能力生成模式和粗放的管理维修模式,已不适应其形成作战保障能力的需要。着眼信息化部队建设与高新技术装备发展,大力推进装备保障转型,是陆军装备保障转型的重要任务。

5. 与装备保障的现实基础和可能发展相适应

装备保障进入发展的关键期、改革的攻坚期、矛盾的凸显期，是陆军装备保障转型必须面对的现实。随着改革的逐步深入，长期以来装备保障不同程度存在的自成体系、分散建设、整体建设效益不高、资源利用率较低的矛盾问题逐渐凸显。研究解决这些矛盾问题，是陆军装备保障转型的现实任务。要把握机遇、正视问题，以求真务实的精神，在破解难题的过程中，推动装备保障转型科学发展。

3.2.2 陆军保障转型目标制定影响因素分析

准确定位装备保障转型的基本目标，是研究和探索装备保障转型的首要问题，是谋划和促进装备保障建设各项工作全面协调发展的基础，也是确定转型任务、要求和方法、途径的基本依据。确立装备保障转型目标，必须放到整个陆军转型与国家政治、经济、安全战略环境的大背景中综合考虑多种因素。

1. 装备保障需求与保障能力之间的矛盾是确定装备保障转型目标的根本依据

装备保障需求与保障能力之间的矛盾是牵动装备保障变革的根本因素。装备保障需求产生于敌我对抗，敌我对抗是产生各种军事运动的根本动因及其所要解决的基本矛盾。因此，信息化部队装备保障模式转型目标的选择与确定，必须首先认清信息化部队的作战对象，明确针对具体的作战对象为达成战争目的而生成部队保障能力和战斗力时，装备保障模式所要解决的各种矛盾和问题。将装备保障模式变革的阶段性目标与长远目标紧密结合起来，始终着眼敌我对抗的需求发生的新变化，牵引装备保障模式的变革。

2. 最大限度地提高装备保障效能是确立装备保障转型目标的核心价值取向

装备保障效能是指军队从装备资源中获取最大军事效果的能力。在漫长的装备保障变革历史进程中，可以通过优化体系结构、实施科学管理、更新技术手段、强化军事训练等手段提高装备保障效能。装备保障转型是以信息技术为核心的新军事变革的基本要求，其最终目的是通过提高装备保障效能促进战斗力生成模式转变，因此，装备保障转型目标的确定，要以提高装备保障效能为核心价值取向。

3. 社会经济和装备技术发展水平是确立装备保障转型目标的重要基础

任何一个时期的部队装备保障模式及其变革都离不开国家经济社会现代化以及装备技术发展水平的大背景。一方面，社会生产力的发展所引起的装备保障技术条件、社会条件的变化对装备保障模式变革提出要求；另一方面，军事科技进步、武器装备发展引起战法创新和军队战斗力生成模式转变对装备保障模式变革提出要求。陆军装备保障转型涉及未来整个陆军转型建设问题,必须在以上两方面的共同作用下,准确把握装备保障转型与社会经济和装备技术发展的关系,正确确立装备保障转型目标。

4. 政治因素和文化传统是确立装备保障转型目标不容忽视的因素

由于不同国家社会制度、经济发展水平和军事战略不同,各国军队装备保障转型在遵循共性规律的同时,也必然体现出各自的特殊性。20 世纪 80 年代以来,许多国家军队装备保障模式转变也确立了相似或相同的目标。但是,由于政治因素和文化传统等方面的原因,相似或相同目标的内涵却有着实际上的巨大区别。因此,在确立装备保障转型时必须考虑政治因素和文化传统。

3.2.3 陆军装备保障转型分项指标确定

陆军装备转型,核心是以信息系统为基础,将装备保障指挥、保障力量、保障资源、保障对象等连通形成有机的整体,及时准确地掌握装备保障需求,聚合优化装备保障要素,有效统筹装备保障资源,确保适时、适地、适量地实施装备技术保障和装备物资、弹药器材供应,使装备保障达到尽可能精确的程度。

从根本上讲,装备保障转型目标是促进陆军装备保障能力生成模式转变,使其由应付一般机械化战争向打赢信息化战争转变,由相对分散、功能单一的保障体系向集约合成的保障体系转变,由数量规模型的保障队伍向质量效能型的保障队伍转变,最终促进装备保障能力的大幅提高。

具体来讲,陆军装备保障转型建设应该紧紧围绕以下四个目标进行。

1. 保障力量综合集成

基于信息系统的体系作战不再是诸多作战要素松散结合起来的对抗,而是在信息网络系统的联结和聚合下,形成有机整体,成为整体对整体、系统对系统、体系对体系的对抗。装备保障作为整个作战体系的重要构成要素,除了自身要进行融合集成,还要与作战指挥体系、作战单元系统和后勤保障体系等作战保障要素融为一体。要实现这种融合,首先要实现装备保障信息系统与一体化作战指挥平台的融合集成。装备保障必须依托装备保障信息系统和信息技术手段,对各专业保障力量按技术门类重组定岗、按作业需求模块化编组、按保障任务综合编成,建立集装备管理、修理、供应、训练于一体的综合保障体系,实现装备保障各要素高度融合,统一协调各专业、各军兵种保障力量和地方民用保障力量,联合行动,确保物资、技术及装备设施的统一使用。

2. 保障行动全程可控

基于信息系统的体系作战中的战略、战役、战术界限趋于模糊,战场情况瞬息万变,传统的线式部署、逐级接力式保障模式将难以适应战场的快速变化,更无法做到“精确集约”保障。一体化指挥平台和装备保障信息系统，可以随时跟踪掌握战场情况变化给部队带来的保障需求，高效而准确地筹划和使用各种保障力量，精确筹划和运用保障资源、保障力量、保障手段，按照作战进程、战场布势、保障部署及变化，按照适时、适地、适量、适配的要求，为部队提供适当的技术和物资保障，以最少的保障资源换取最大的保障效益。

3. 保障模式主动超前

基于信息系统的体系作战，要求在事先制订保障计划的基础上，根据作战部队保障的实际需求及动态变化，实施主动按需保障和超前准备。主动超前保障模式的实现，必须通过信息网络系统高度融合各种保障力量、保障目标和保障要素，使每一个保障对象能够按照“发送需求—分析决策—实时保障”的流程得到所需的保障，减少保障层次，降低库存规模，提高保障效率。

4. 保障标准统一规范

标准规范是信息化时代对战斗力生成的特殊要求，是生成和提高基于信息系统的体系作战能力的重要前提条件。只有通过制定科学合理的标准，统一规范业务流程、信息流程和相互关系，才能实现信息与信息之间的交互。因此，在客观上要求进一步加强装备保障标准化建设，全军统一装备物资代码、装备保障标准、装备保障流程、装备保障信息，在此基础上建立或完善装备保障信息系统，实时掌握武器装备、弹药、维修器材、机具设备、保障人员等保障资源的数质量、战场分布及装备战损、弹药消耗、器材补充、力量需求、各级保障机构遂行任务情况等动态信息，实现保障资源全维可视，实现与作战体系、后勤保障体系之间的信息互联互通。

3.3 基于 TS-SWOT 分析的策略生成原理

3.3.1 SWOT 分析法

SWOT 分析法又称为态势分析法，主要用于战略分析。SWOT 中的四个字母分别代表：Strengths（简称 S，优势）、Weaknesses（简称 W，劣势）、Opportunity（简称 O，机会）、Threat（简称 T，威胁），其中前两个是研究对象的内在条件因素，后两个是外部环境因素。SWOT 分析法的思路是通过调查问卷等，首先将研究对象的优势、劣势、机会和威胁列举出来；然后用机会、威胁等外部力量对优势、劣势等内在条件因素进行综合评估、分析，根据研究结论制定或者调整发展战略、规划。

1. 分析内在条件及外部环境

运用调查、文献分析等方法对研究对象的内在条件、外部环境的历史、现状及未来趋势进行全面的分析。内在条件主要是研究对象的优势和劣势等,包括组织管理、人员技术等,是影响研究对象发展的内在因素;外部环境主要是研究对象所面临的机会及威胁,包括国家政策、社会环境等,是影响研究对象发展的外在因素。

2. 构建 SWOT 矩阵

按照对研究对象的影响程度,将分析内在条件及外部环境所得的各个因素排序,构造 SWOT 矩阵。

3. SWOT 分析

运用系统分析方法将优势、劣势、机会和威胁四种影响因素两两匹配,按照发挥优势、克服劣势、抓住机会、避免威胁的基本原则,形成优势机会策略(SO)、劣势机会策略(WO)、优势威胁策略(ST)及劣势威胁策略(WT)等一系列可选择的发展策略,将其填入 SWOT 分析矩阵中。SWOT 分析法的分析矩阵如表 3-2 所列。

表 3-2 SWOT 分析矩阵

内在条件因素 / 外部环境因素		优　势	劣　势
		优势内容	劣势内容
机会	机会内容	SO 利用部分	WO 改进部分
威胁	威胁内容	ST 监控部分	WT 消除部分

3.3.2 TS-SWOT 模型

SWOT 分析法的主要优点在于其研究问题的全面性和系统性。全面性体现在综合考虑了研究对象内在条件因素、外部环境因素及其相互关系的影响,以此为基础制定出未来可选择的策略措施。系统性体现在按照分析现状、找出问题、处理问题的思路进行研究,同时将问题的分析和处理结合在一起,思路清晰,便于检验。但在经典 SWOT 分析法使用过程中,存在以下问题:

(1) SWOT 分析法对于人员素质要求较高;

(2) SWOT 分析法形成的结论因人而异;

(3) SWOT 分析法未能考虑形成的策略优先顺序。

为了解决上述问题,本小节对传统的 SWOT 分析法进行了改进,提出了追踪(Trace)-替代(Substitute)SWOT(TS-SWOT)分析法,并将 TS-SWOT 分析结果称为 TS-SWOT 策略,通过运用较为严谨的分析思路和定量方法,在一定程度上避免了策略提出的随意性,并从关联度和影响度出发对提出的策略进行定量描述，提高 SWOT 分析法的科学性。

定义 3-1　一个 TS-SWOT 是由外部环境因素和内在条件因素及其关联关系分析得到，可以用一个六元组表示：

$$\boldsymbol{T}_r = (\boldsymbol{E},\boldsymbol{N},\boldsymbol{R},\boldsymbol{r},\boldsymbol{d},\boldsymbol{a}) \tag{3.1}$$

式中：$\boldsymbol{T}_r$ 表示一个 TS-SWOT 对象；

$\boldsymbol{E} = \boldsymbol{O} \cup \boldsymbol{T}$ 为外部环境因素集合；

$\boldsymbol{O} = \{O_i, i = 1,2,\cdots,I_O\}$ 为机会集，即对象系统面临外部影响因素中的属于机会的影响因素，I_O 为机会影响因素的个数；

$\boldsymbol{T} = \{T_i, i = 1,2,\cdots,I_T\}$ 为威胁集，即对象系统面临外部影响因素中的属于威胁的影响因素，I_T 为威胁影响因素的个数；

$\boldsymbol{N} = \boldsymbol{S} \cup \boldsymbol{W}$ 为内在条件因素集合；

$\boldsymbol{S} = \{S_j, j = 1,2,\cdots,J_S\}$ 为优势集，即对象系统内在条件因素中的属于优势的影响因素，J_S 为优势影响因素的个数；

$\boldsymbol{W} = \{W_j, j = 1,2,\cdots,J_W\}$ 为劣势集，即对象系统内在条件因素中的属于劣势的影响因素，J_W 为劣势影响因素的个数；

$\boldsymbol{R} = \{\boldsymbol{E} \times \boldsymbol{N}\}$，即为外部影响因素和内在条件因素组成的关系对，$E_i \times N_j$ 表示外部影响因素 E_i 与内在条件因素 N_j 之间的关联关系，由 $\boldsymbol{E}$、$\boldsymbol{N}$ 的定义可知，$\boldsymbol{R}$ 可表示为 $\boldsymbol{R} = \{\boldsymbol{R}_{\mathrm{OS}},\boldsymbol{R}_{\mathrm{OW}},\boldsymbol{R}_{\mathrm{TS}},\boldsymbol{R}_{\mathrm{TW}}\}$，其中，$\boldsymbol{R}_{\mathrm{OS}} = \{\boldsymbol{O} \times \boldsymbol{S}\}_{I_O \times J_S}, \boldsymbol{R}_{\mathrm{OW}} = \{\boldsymbol{O} \times \boldsymbol{W}\}_{I_O \times J_W}, \boldsymbol{R}_{\mathrm{TS}} = \{\boldsymbol{T} \times \boldsymbol{S}\}_{I_T \times J_S}, \boldsymbol{R}_{\mathrm{TW}} = \{\boldsymbol{T} \times \boldsymbol{W}\}_{I_T \times J_W}$；

r 为联系程度集，$\boldsymbol{r} = \{r_{ij}\}$；

r_{ij}为外部环境因素 E_i 和内在条件因素 N_j 的关联程度 $r_{ij} = r(E_i \times N_j)$，并定义 $0 \leqslant r < 1$，若外部环境因素 E_i 与内在条件因素 N_j 不具有影响，则 $r = 0$；否则，假设外部环境因素 E_i 可用 k_i 个同级子要素等价替代，内在条件因素 N_j 可用 k_j 个同级子要素等价替代，两种要素具备强关联的数量为 b 个，定义

$$r_{ij} = \frac{b}{k_i k_j} \tag{3.2}$$

$\boldsymbol{d}$ 为因素层次距离集，$\boldsymbol{d} = \{d_{ij}\}$；

d_{jj} 为外部环境因素 E_i 和内在条件因素 N_j 的层次距离程度，$d_{ij} = d(E_i \times N_j)$，若外部环境因素 E_i 和内在条件因素 N_j 均为 1 级影响因素，则 $d_{ij} = 2$，若外部环境因素为 m 级影响因素导出的下一级因素，内在条件因素为 n 级影响因素导出的下一级因素，定义

$$d_{ij} = 2 + m + n \tag{3.3}$$

a 为策略的重要程度集，$\boldsymbol{a} = \{a_{ij}\}$；$a_{ij}$ 为外部环境因素 E_i 和内在条件因素 N_j 的组成的策略的重要程度，$a_{ij} = a(E_i \times N_j)$，是策略有用程度或策略对系统发

展影响程度的度量,并定义 $0 \leqslant a \leqslant 1$,若策略不具备可行性或必要性时,说明该策略无吸引力,此时规定 $a_{ij} = 0$。

3.3.3 TS-SWOT 分析原理

定理 3-1 若 $r(E_i \times N_j) \neq 0$,且 $r(E_i \times N_j)$ 较小, $\exists (E_{ik} \in E_i, N_{jl} \in N_j)$,使 $r(E_{ik} \times N_{jl}) > r(E_i \times N_j)$,且 $r(E_{ik} \times N_{jl})$ 较大。

证明:设 $E_i = \{E_{i1}, E_{i2}, \cdots, E_{iK}\}$, $N_j = \{N_{j1}, N_{j2}, \cdots, N_{jL}\}$,由于 $r(E_i \times N_j) \neq 0$,即 E_i 和 N_j 具有联系,设具有较强联系的因素个数为 b ,由式(3.2)定义,有

$$r(E_i \times N_j) = \frac{b}{KL} \tag{3.4}$$

由于 $r(E_i \times N_j)$ 较小,说明 E_i 和 N_j 非紧密联系,则必有 $E_{im} \in E_i$,使得 $r(E_{im} \times N_j) = 0$; 或 $N_{jl} \in N_j$,使得 $r(E_i \times N_{jl}) = 0$。

若为第一种情况,对于去掉该因素后的集合 E'_i ,有

$$r(E'_i \times N_j) = \frac{b}{(K-1)L} > \frac{b}{KL} \tag{3.5}$$

若为第二种情况,对于去掉该因素后的集合 N'_j ,有

$$r(E_i \times N'_j) = \frac{b}{K(L-1)} > \frac{b}{KL} \tag{3.6}$$

通过不断约减,则可找到相对较少个数的替代集合或替代集合组合,使得约减后的集合联系不变的同时, $r(E_{ik} \times N_{jl})$ 值能够增大到较大程度。

结论:在 TS-SWOT 中,可以把内在条件和外部环境因素进行合理划分,采用低层次要素替代高层次要素,增加外部环境因素和内在条件因素之间的联系度,本小节将该结论称为追踪-替代原理。

对于要素划分主要存在三种情形:划分内在条件因素;划分外部环境因素;同时划分内部条件和外部环境因素。

在策略生成过程中,可根据实际需要决定采用何种划分方法。

在运用经典 SWOT 进行态势分析处理具有小关联度的两个因素形成策略时,由于不同分析人员对于小关联度的两个因素的处理方法不同,导致了策略分析结果的不同,小关联度情况下的内在条件和外部环境因素描述与使用是策略分析随意性的根本原因。根据上述定理和结论,只要将小关联因素合理划分,采用下一级子集合替代上级集合,就能够增加要素联系度,使态势分析结果具备相对确定性。

TS-SWOT 分析中,本小节将弱联系的有关影响因素分解为下一级的过程称为追踪过程,将下一级的子因素替代原因素的过程称为替代过程,并且引入两个

过程的 SWOT 态势分析称为 TS-SWOT 分析。

3.4 基于 TS-SWOT 分析的策略生成过程

3.4.1 TS-SWOT 划分层次数分析

TS-SWOT 通过追踪-替代解决内在条件和外部环境联系强度不高情况下的策略生成问题,追踪-替代过程中,通过对内在条件或外部环境的进一步划分来实现。下面,进一步分析 TS-SWOT 划分层次数对产生策略的影响。

由 3.3.3 节可知,通过层次划分,可以将内在条件或外部环境因素分解,利用下一级因素代替上一级因素,是通过去除无关因素提高联系度的方法。但是,在对因素追踪—替代的同时,也导致了生成策略的作用范围的缩小,使生成的策略重要度降低。例如,在分析"高新技术"与"信息建设"的关联时,为了提高联系度,需要将"高新技术"进行追踪—替代为"信息技术"。这样,"信息技术"和"信息建设"两个因素就成了强相关关系。但是,"高新技术"因素的重要度较高,替换成"信息技术"的权重有所降低。若为原来的 20%,由"信息技术"和"信息建设"生成策略的重要度应为"高新技术"权重的 20%与"信息建设"权重的乘积。若再分解一次,生成策略的重要度将进一步变为原来的 1%~4%。策略的重要度下降,表明生成策略有用性降低。因此,为了保证生成策略的有用性,因素划分层次不宜过多。

3.4.2 TS-SWOT 策略生成语法

运用系统分析方法将优势、劣势、机会和挑战四种影响因素两两匹配,可形成优势机会策略(SO)、劣势机会策略(WO)、优势威胁策略(ST)及劣势威胁策略(WT)等一系列可选择的发展策略。本小节采用五元组合法进行一条策略生成语法如下式:

$$R_{ij} = \langle V_E, E_i, V_N, N_j, V_V \rangle \tag{3.7}$$

式中:R_{ij} 为由 E_i 和 N_j 生成的策略;V_E 为外部环境因素动词;E_i 为外部环境因素;V_N 为内在条件因素动词;N_j 为内在条件因素;V_V 为策略使用方向。

对于 V_E 、V_N 和 V_V 定义如下:

$$V_E = \begin{cases} 抓住, E_i, 机遇 & , E_i \in \boldsymbol{O} \\ 避免, E_i, 威胁 & , E_i \in \boldsymbol{T} \end{cases} \tag{3.8}$$

$$V_N = \begin{cases} 发挥, N_j, 优势 & , N_j \in \boldsymbol{S} \\ 克服, N_j, 劣势 & , N_j \in \boldsymbol{W} \end{cases} \tag{3.9}$$

$$V_V = \begin{cases} \text{利用}, E_i \in \boldsymbol{O}, N_j \in \boldsymbol{S} \\ \text{改进}, E_i \in \boldsymbol{O}, N_j \in \boldsymbol{W} \\ \text{监控}, E_i \in \boldsymbol{T}, \boldsymbol{N_j} \in \boldsymbol{S} \\ \text{消除}, E_i \in \boldsymbol{T}, N_j \in \boldsymbol{W} \end{cases} \tag{3.10}$$

按照上述策略生成语法,即可进行策略生成。

3.4.3 TS-SWOT 分析步骤

为了实现保障转型策略生成的快捷性,在前面几节研究成果的基础上,将关联程度按照{0,较小,较大}划分。在此基础上,建立 TS-SWOT 分析流程图如图 3-2 所示。

图 3-2 给出了 TS-SWOT 基本分析步骤,具体操作步骤描述如下。

步骤 1:分析内在条件因素。

做法:通过研究系统内在条件因素进行。内在条件因素是系统发展演化过程中存在的积极和消极因素,可从资源、组织、体制、机制等方面分析,分析既要考虑对象系统的现状,也要考虑对象系统的未来发展趋势。将内在条件因素中积极因素定义为优势因素,记为 $\boldsymbol{S} = \{S_j, j = 1,2,\cdots,J_S\}$;将消极因素定义为劣势因素,记为 $\boldsymbol{W} = \{W_j, j = 1,2,\cdots,J_W\}$;令内在条件因素集 $\boldsymbol{N} = \boldsymbol{S} \cup \boldsymbol{W}$ 。

步骤 2:分析外部环境因素。

做法:运用对外部环境的调查分析 ,得到对象系统的各种外部环境因素,外部环境因素可以从经济、政治、社会、科学、技术、竞争等角度出发,并划分为有利因素和不利因素。将有利因素定义为机会因素,记为: $\boldsymbol{O} = \{O_i, i = 1,2,\cdots,I_O\}$,将不利因素定义为威胁因素,记为: $\boldsymbol{T} = \{T_i, i = 1,2,\cdots,I_T\}$;令外部环境因素集 $\boldsymbol{E} = \boldsymbol{O} \cup \boldsymbol{T}$ 。

步骤 3:内在条件因素排序。

做法:将步骤 1 得到的内在条件因素按照对象系统发展演化影响大小或优先改进程度(统称为影响程度)进行排序,得到排序后的内在条件因素,记为: $\boldsymbol{N} = \{N_j \mid N_j \in \boldsymbol{S} \cap \boldsymbol{W}$,且当 $k < l$ 时,$A(N_k) > A(N_l)(j,k,l = 1,2,\cdots,J_S + J_W\})$ 。其中 $A(N_j)$ 表示第 j 个内在条件因素对对象系统的影响程度, $A(N_j)$ 可通过 3.4 节中提供的方法得到。

步骤 4:外部环境因素排序。

做法:将步骤 2 得到的外部环境因素按照该环境因素对对象系统发展演化影响程度的大小进行排序,得到排序后的外部环境因素。记为: $\boldsymbol{E} = \{E_i \mid E_i \in \boldsymbol{O} \cap \boldsymbol{T}$,且当 $k < l$ 时,$B(E_k) > B(E_l)(i,k,l = 1,2,\cdots,I_O + I_T\})$ 。

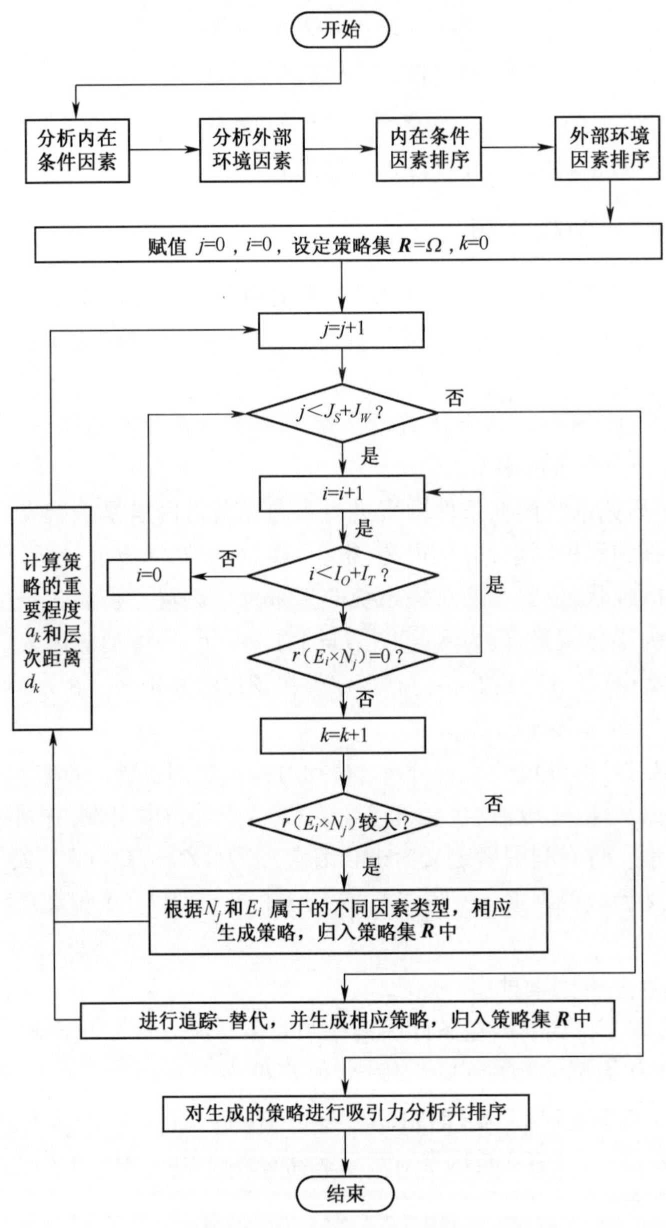

图 3-2　TS-SWOT 分析流程图

其中，$B(E_i)$ 表示第 i 个外部环境因素对对象系统的影响程度，$B(E_i)$ 可通过 3.4 节中提供的方法类似得到。

步骤 5:赋初始值 $j = 0$, $i = 0$,设定策略集 $\boldsymbol{R} = \Omega$, $k = 0$。

步骤 6:令 $j = j + 1$, 若 $j \leqslant J_S + J_W$,则转步骤 7,否则转步骤 19。

步骤 7:令 $i = i + 1$,若 $i < I_O + I_T$,则转步骤 8,否则令 $i = 0$,转步骤 6。

步骤 8:判定 N_j 和 E_i 的关联程度 $r(E_i \times N_j)$,若 $r(E_i \times N_j) = 0$,转步骤 7;若 $r(E_i \times N_j)$ 较大,则转步骤(9),若 $r(E_i \times N_j)$ 较小,则转步骤 15。

步骤 9:若 $N_j \in \boldsymbol{S}$,则转步骤 10,否则转步骤 12。

步骤 10:若 $E_i \in \boldsymbol{O}$, 则按照 SO 模式生成策略,并记策略为 S_jO_i 策略,并令 $R_k = S_jO_i$,归入策略集 $\boldsymbol{R}$ 中,转步骤 14。

步骤 11:若 $E_i \in \boldsymbol{T}$, 则按照 ST 模式生成策略,并记策略为 S_jT_i 策略,并令 $R(k) = S_jT_i$,归入策略集 $\boldsymbol{R}$ 中,转步骤 14。

步骤 12:若 $E_i \in \boldsymbol{O}$, 则按照 WO 模式生成策略,并记策略为 W_jO_i 策略,并令 $R(k) = W_jO_i$,归入策略集 $\boldsymbol{R}$ 中,转步骤 14。

步骤 13:若 $E_i \in \boldsymbol{T}$, 则按照 WT 模式生成策略,并记策略为 W_jT_i 策略,并令 $R(k) = W_jT_i$,归入策略集 $\boldsymbol{R}$ 中,转步骤 14。

步骤 14:计算该策略 R_k 的重要程度 $a_k = A(N_j)B(E_i)$,策略的层次距离 $d_k = 2$,令 $k = k + 1$,转步骤 7。

步骤 15:令 $l = 0$, $m = 0$。

步骤 16:追踪-替代过程。将外部环境因素 E_i 按照对内在条件因素 N_j 影响差异最大的方式进行因素分解,找出其中对内在条件因素 N_j 占主要影响的因素集,并将其定义为 E_{il}, $(l = 1,2,\cdots,L_i)$,并确定相应的 $B(E_{il})$,且满足 $\sum_{l=1}^{L_i} B(E_{il}) \leqslant B(E_i)$;逐个分析 E_{il} 和 N_j 的影响关系 $r(E_{il} \times N_j)$;若有一个以上的 $r(E_{il} \times N_j)$ 较大,令对应的因素层次距离 $d(E_{il} \times N_j) = 3$,转步骤 17;若所有 $r(E_{il} \times N_j)$ 均较小,则对内在条件因素 N_j 按照受 E_{il} 影响差异最大的方式进行因素分解,将其定义为 $N_{jm}(m = 1,2,\cdots,M_j)$,并确定相应的 $A(N_{jm})$,且满足 $\sum_{m=1}^{M_j} A(N_{jm}) \leqslant A(N_j)$;再分别逐个分析 E_{il} 和 N_{jm} 的影响关系 $r(E_{il} \times N_{jm})$,筛选出 $r(E_{il} \times N_{jm})$ 较大的因素对,令对应的因素层次距离 $d(E_{il} \times N_{jm}) = 4$,转步骤 18。

步骤 17:按照步骤 10~步骤 13 的方法生成策略集,并在每次生成策略后,令 $a_k = a(E_{il} \times N_j) = A(N_j)B(E_{il})$, $d_k = d(E_{il} \times N_j) = 3(k = k + 1)$;转步骤 7。

步骤 18:按照步骤 10~步骤 13 的方法生成策略集,并在每次生成策略后,令 $a_k = a(E_{il} \times N_{jm}) = A(N_{jm})B(E_{il})$, $d_k = d(E_{il} \times N_{jm}) = 4(k = k + 1)$;转步骤 7。

步骤 19:令 $k = k - 1$,并得到策略集 $\boldsymbol{R}$ 及对应的重要程度集 $\boldsymbol{a}$ 。

步骤 20:将策略集中的策略,按照 SO、ST、WO、WT 进行归类,并将各类策略的重要度分别取和,根据和的大小排序分析得到当前态势。

步骤 21:运用 QSPM 方法,分别求取生成策略相对各因素的吸引力(重要度)并进行策略排序,该方法由 3.5 节给出。

3.5 基于 QSPM 的陆军装备保障转型策略分析

3.5.1 基于 QSPM 的策略分析原理

由 3.4 节提出的策略分析步骤 1~步骤 20,可得到陆军装备保障转型策略,同时也得到了策略的重要度 a ,但是由于重要度 a 是由生成策略的内在条件和外部环境两个因素权重的乘积得到,并不能完全反映生成策略的实际利用价值。

QSPM 是一种通过专家评分并进行科学处理,从而完成策略优先程度评价的分析模型。它采用"吸引力"描述生成策略的实际利用价值,通常由专家对生成策略对于利用外部机会、避免外部威胁、发挥内部优势和克服减少内部劣势四个方面的各个因素作用情况进行评判,然后对专家评分数据进行分析处理得到吸引力值。因此,QSPM 是一种定性和定量相结合的方法,对于策略的可利用价值判定有重要的参考意义。

QSPM 矩阵的基本元素格式如表 3-3 所列。QSPM 顶部一行包括了由 TS-SWOT 方法中得出的备选策略,左边第一列为关键的外部环境和内在条件因素。

表 3-3 QSPM 矩阵的基本元素格式

关键因素	备选策略权重	策略 A	策略 B	…
外部环境因素				
因素 1	0.023	1	2	…
因素 2	0.043	4	1	…
⋮	⋮	⋮	⋮	⋮
内在条件因素				
因素 1	0.123	1	2	…
因素 2	0.322	1	3	…
⋮	⋮	⋮	⋮	⋮

表 3-3 中,因素的权重放在"权重"列中,因素所在行与策略所在列交叉点即为该策略对某因素的吸引力,进一步可以求得各个策略的最终权重,即为 QSPM 矩阵计算的该策略使用的优先程度。

3.5.2 基于 QSPM 的策略分析步骤

构建陆军装备保障转型策略的 QSPM 矩阵分为 6 个步骤。

1. 列出陆军装备保障转型的内、外部影响因素

将分析得出的陆军装备保障转型影响的外部环境因素和内部条件因素按照外部机会、威胁,内部优势、劣势的顺序,填入 QSPM 分析矩阵左侧"影响因素"一列中。

2. 列出陆军装备保障转型各影响因素权重

采用 3.2 节提出的方法为陆军装备保障转型各影响因素赋予权重,并将其对应填入分析矩阵"权重"一列中。

3. 生成陆军装备保障转型策略

采用 3.3~3.4 节提出的策略生成方法确定备选策略,将其填入分析矩阵上部"策略"一行中。

4. 确定陆军装备保障转型策略相对于各个影响因素的吸引力分数(Attractiveness Scores,AS)

这里采用吸引力分数 AS 表示各个因素对于备选策略影响的大小,并使用数值"1""2""3""4"评分,分别代表"没有吸引力""有一些吸引力""相当有吸引力""非常有吸引力"。

具体操作方法:对陆军装备保障转型策略是否对某影响因素的利用外部机会、避免外部威胁、发挥内部优势和克服减少内部劣势情况有所影响进行判定,确定具体的分值,并将其填入表 3-4 中 QSPM 分析矩阵相应的"AS"列中。

表 3-4 QSPM 分析矩阵

影响因素		权重	策略 1		策略 2		策略 3	
			AS	TAS	AS	TAS	AS	TAS
机会	O_1	0.12	1	0.12	3	0.36	3	0.36
	⋮	⋮	⋮	⋮	⋮	⋮	⋮	⋮
	O_n	0.03	2	0.06	1	0.03	4	0.12
威胁	T_1	0.09	3	0.27	3	0.27	2	0.18
	⋮	⋮	⋮	⋮	⋮	⋮	⋮	⋮
	T_n	0.03	1	0.03	4	0.12	4	0.12

（续）

影响因素		权重	策略 1		策略 2		策略 3	
			AS	TAS	AS	TAS	AS	TAS
优势	S_1	0.16	3	0.48	2	0.32	1	0.16
	⋮	⋮	⋮	⋮	⋮	⋮	⋮	⋮
	S_n	0.02	4	0.08	4	0.08	2	0.04
劣势	W_1	0.06	2	0.12	1	0.06	3	0.18
	⋮	⋮	⋮	⋮	⋮	⋮	⋮	⋮
	W_n	0.08	4	0.32	2	0.16	1	0.08

5. 计算各策略相对于某影响因素的吸引力总分（Total Attractiveness Scores，TAS）

对各策略的吸引力总分进行计算。各个策略的吸引力总分为吸引力分值和相应权重的乘积，即

$$z_{ij} = w_i \times f_{ij}(i,j = 1,2,\cdots,n) \tag{3.11}$$

式中：z_{ij} 为第 j 个策略对第 i 个因素的吸引力总分 TAS；w_i 为第 i 个因素的权重；f_{ij} 为第 j 个策略对第 i 个因素的吸引力分数。

6. 计算各策略相对于所有影响因素的吸引力总分（Sum of Total Attractiveness Scores，STAS）

各策略相对于所有影响因素的吸引力总分为各策略相对于某影响因素的吸引力总分之和。STAS 越高，则说明该策略的可利用价值就越强，即

$$Z_j = \sum_{i=1}^{n} z_{ij} \quad (i,j = 1,2,\cdots,n) \tag{3.12}$$

式中：Z_j 为第 j 个策略的吸引力总分。

最后根据每个策略的 STAS 进行排序，得到各策略的先后关系，为策略应用提供指导。

3.5.3 策略的 QSPM 吸引力与策略重要度之间的关系

由 TS-SWOT 方法生成策略的重要度由生成策略的外部环境因素与内部条件因素的权重乘积得到，是对生成该策略的影响因素重要程度的直接反映；而策略的 QSPM 吸引力反映了该策略对于所有影响因素的影响。由此可见，策略的 QSPM 吸引力分析更加全面，更能反映策略的利用价值。

当然，在生成策略的内部条件要素之间、外部环境要素之间基本独立或相互

间影响不大时，由某内在条件因素和外部环境因素生成的策略对其他因素影响较小，这时，策略的 QSPM 吸引力与由 TS-SWOT 方法计算出的策略重要度来源相同，分析结果将完全一致。

由此可见，当内在条件因素之间以及外部环境因素之间关联不大时，可直接使用 TS-SWOT 方法计算出的策略重要度判断策略的利用价值，最终生成策略价值排序；反之，当关联不可忽略时，应采用 QSPM 方法，利用策略的 QSPM 吸引力判断其利用价值及最终生成策略价值排序。

3.6 基于 TS-SWOT 的陆军装备保障转型策略生成实例

3.6.1 陆军装备保障转型内在条件和外部环境分析

首先需要对装备保障系统的内在条件和外部环境进行有效分析，充分把握外部环境为转型工作带来的机遇，明确转型工作可能面对的威胁，了解装备保障系统的现状，明确陆军装备保障系统的优势和劣势，为科学制定转型策略奠定基础。

对装备保障转型系统环境进行分析，得到对转型有影响的外部环境因素情况，并将其划分为机会和威胁。通过运用第 2 章的方法计算外部环境的权重，通过专家打分，确定外部环境因素的权重。经过 ANP 和粗糙集理论运算后，得到外部环境因素的重要度。外部环境因素如表 3-5 所列。

表 3-5　外部环境因素

外部环境因素类型	外部环境因素名称	外部环境因素代号	权重
机会	国内政治形势稳定	O_1	0.044
	世界新军事变革深入开展	O_2	0.088
	发达国家装备保障成功转型	O_3	0.077
	国民经济发展良好	O_4	0.154
	国防经费投入不断增长	O_5	0.066
	高新技术发展迅速	O_6	0.110
	技术创新投入较大	O_7	0.088
	国家资源总体丰富	O_8	0.054
威胁	周边安全形势较为严峻	T_1	0.055
	作战样式发生变化	T_2	0.044
	作战任务需求多元	T_3	0.110
	武器装备发展较快	T_4	0.044
	技术水平整体滞后	T_5	0.066

根据当前陆军装备保障系统现状总结,得到对转型有影响的内在条件因素情况,并将其划分为优势和劣势。其权重由 3.4.2 节中的计算结果得到。内在条件因素如表 3-6 所列。

表 3-6 内在条件因素

内在条件因素类型	内在条件因素名称	内在条件因素代号	权重
优势	器材供应渠道通畅	S_1	0.060
	人才素质能力较高	S_2	0.143
	体制执行能力较强	S_3	0.122
	运行机制灵活规范	S_4	0.105
劣势	理论研究相对滞后	W_1	0.114
	装备配备不够齐全	W_2	0.116
	技术转化基础薄弱	W_3	0.085
	信息建设未成体系	W_4	0.130
	组织体系柔性不高	W_5	0.124

3.6.2 陆军装备保障转型初步策略生成

以 3.6.1 小节的外部环境因素(表 3-5)和内在条件因素(表 3-6)分析结果为基础,首先对陆军装备保障转型外部环境与内在条件相关性进行分析,所得结果如表 3-7 所列。

表 3-7 TS-SWOT 分析表

因素 / 分类代号	S_2	W_4	W_5	S_3	W_2	W_1	S_4	W_3	S_1
O_4	0.2	1	0	0	1	0	0	1	0.2
O_6	0	0.2	0	0	0.2	1	0	1	0.1
T_3	0	0	1	1	1	0.1	1	0	0
O_2	1	0	0	0	0	1	0	0	0
O_7	0.2	0.1	0	0	0.2	1	0	1	0.1
O_3	0	0	0.1	0	0	1	0.1	0	0
O_5	1	1	0	0	1	1	1	1	1
T_5	1	1	0	0	1	0	0	1	0
T_1	0	0	0	1	1	0	0	0	0
O_8	0	0	0	0	0	0	0	0	0.01
O_1	0	0	0	1	0	0	0	0	0
T_2	1	0	1	1	1	1	1	1	1
T_4	1	0	0	0	1	1	0	1	0

表 3-7 中的数字表示内在条件和外部环境因素之间的关联程度 $r(E_{ik} \times N_{jl})$。

$r(E_{ik} \times N_{jl}) = 1$ 表示对应的内在条件和外部环境因素之间的关联很大；

$r(E_{ik} \times N_{jl}) = 0$ 表示对应的内在条件和外部环境因素之间没有关联；

$0 < r(E_{ik} \times N_{jl}) < 1$ 表示对应的内在条件和外部环境因素或其中之一需要追踪-替代(TS)才能明确它们之间的关联。

追踪-替代因素及其结果如表 3-8 所列,其中括号内为被追踪-替代的内在条件或外部环境因素。

表 3-8　追踪-替代因素表示

因素 代号 分类	S_2	W_4	W_5	W_2	W_1	S_4	S_1
O_4	教育投入 O_4						物流体系建设日趋完善 O_4
O_6		信息技术发展迅速 O_6		促进装备研制 W_2			物流技术 O_6
T_3					技术保障理论 W_1		
O_7	创新能力 S_2	信息技术创新投入 O_7		促进装备研制 W_2			物流技术创新投入 O_7
O_3			外军组织体系转型成功 O_3			外军运行机制转型成功 O_3	
O_8							物流资源 O_8

根据式(3.7),可逐项得出策略,按重要度降序排列在表 3-9 中。

表 3-9　保障转型策略表

策略代号	策略表述	重要度 ***a***
W_4O_4	抓住国民经济发展良好的机会,克服信息建设未成体系的劣势	0.0201
W_2O_4	抓住国民经济发展良好的机会,克服装备配备不够齐全的劣势	0.0178
S_2O_2	抓住世界新军事变革深入开展的机会,发挥人才素质能力较高的优势	0.0137

（续）

策略代号	策略表述	重要度 *a*
W_5T_3	克服组织体系柔性不高的劣势，应对作战任务需求多元的威胁	0.0137
S_3T_3	发挥体制执行能力较强的优势，应对作战任务需求多元的威胁	0.0134
W_1O_2	抓住世界新军事变革深入开展的机会，克服理论研究相对滞后的劣势	0.0134
⋮	⋮	⋮

表 3-9 的最后一列的各个数字表示对应的外部环境因素和内在条件因素权重的乘积得到的策略重要度。

生成策略后，还可以进一步采用 QSPM 方法对策略的吸引度进行求取，进一步分析策略的重要度。

3.6.3　陆军装备保障系统态势分析

在表 3-9 分析结果的基础上，将优势、劣势、机会和挑战四种影响因素两两匹配形成的优势机会策略（SO）、劣势机会策略（WO）、优势威胁策略（ST）及劣势威胁策略（WT）等一系列发展策略的权重进行分类，并将其分别累加计算总和，并填入态势分析表中，如表 3-10 所列。

表 3-10　态势分析表

态势	重要度和	态势重要度比重
SO	0.0573	0.1522
WO	0.1625	0.4317
ST	0.0653	0.1735
WT	0.0913	0.2426

根据表 3-10 结果可以看出，对四种不同类型的策略分析所形成的策略重要度和进行比较可知，劣势机会 WO 策略所占比重为 43.17%，说明当前整体处于“劣势机会”中，表明陆军迫切需要进行装备保障转型，目前应该重点采取“改进”策略，即：加强装备保障各要素的改进，抓住当前面临的机会，加快陆军装备保障转型进程。

3.6.4　陆军装备保障转型策略的 QSPM 分析

由表 3-5 和表 3-6 可知陆军装备保障转型影响的外部环境因素和内部条件因素及因素对应的权重。由表 3-9 可知生成的各个策略。

确定陆军装备保障转型策略相对于各个影响因素的吸引力分数 AS，并计算各策略的 TAS 以及 STAS,将上述结果填入 QSPM 分析矩阵中,如表 3-11 所列。表 3-11 给出了 6 个策略的计算过程的样表。

表 3-11　陆军装备保障转型策略 QSPM 分析矩阵

影响因素		权重	W_4O_4		W_2O_4		S_2O_2		W_5T_3		S_3T_3		W_1O_2		…	
			AS	TAS	AS	TAS	AS	TAS	AS	TAS	AS	TAS	AS	TAS	AS	TAS
机会	O_1	0.044	2	0.088	2	0.088	1	0.044	1	0.044	1	0.044	2	0.088	…	…
	O_2	0.088	2	0.176	2	0.176	4	0.352	1	0.088	1	0.088	4	0.352	…	…
	O_3	0.077	1	0.077	1	0.077	2	0.154	1	0.077	2	0.154	2	0.154	…	…
	O_4	0.154	4	0.616	4	0.616	1	0.154	2	0.308	2	0.308	1	0.154	…	…
	O_5	0.066	1	0.066	2	0.132	2	0.132	2	0.132	1	0.066	1	0.066	…	…
	O_6	0.110	1	0.11	2	0.22	1	0.11	2	0.22	2	0.22	2	0.22	…	…
	O_7	0.088	1	0.088	2	0.176	2	0.176	1	0.088	2	0.176	4	0.352	…	…
	O_8	0.054	1	0.054	1	0.054	2	0.108	1	0.054	2	0.108	2	0.108	…	…
威胁	T_1	0.055	2	0.11	2	0.11	1	0.055	2	0.11	1	0.055	2	0.11	…	…
	T_2	0.044	2	0.088	2	0.088	1	0.044	2	0.088	2	0.088	1	0.044	…	…
	T_3	0.110	1	0.11	1	0.11	2	0.22	4	0.44	4	0.44	2	0.22	…	…
	T_4	0.044	2	0.088	2	0.088	2	0.088	1	0.044	2	0.088	4	0.176	…	…
	T_5	0.066	1	0.066	2	0.132	1	0.066	1	0.066	1	0.066	2	0.132	…	…
优势	S_1	0.060	2	0.12	2	0.12	2	0.12	2	0.12	2	0.12	1	0.06	…	…
	S_2	0.143	2	0.286	1	0.143	4	0.572	2	0.286	2	0.286	2	0.286	…	…
	S_3	0.122	2	0.244	2	0.244	2	0.244	1	0.122	4	0.488	2	0.244	…	…
	S_4	0.105	1	0.105	2	0.21	1	0.105	2	0.21	2	0.21	2	0.21	…	…
劣势	W_1	0.114	2	0.228	2	0.228	1	0.114	1	0.114	1	0.114	4	0.456	…	…
	W_2	0.116	2	0.232	4	0.464	2	0.232	2	0.232	2	0.232	2	0.232	…	…
	W_3	0.085	2	0.17	1	0.085	2	0.17	2	0.17	1	0.085	2	0.17	…	…
	W_4	0.130	4	0.52	2	0.26	1	0.13	1	0.13	1	0.13	1	0.13	…	…
	W_5	0.124	1	0.124	2	0.248	2	0.248	4	0.496	2	0.248	1	0.124	…	…
STAS			3.766		4.069		3.638		3.639		3.814		4.088		…	

根据 STAS 的大小顺序,即可得到各个策略的排名,其中排名第一的策略是 W_1O_2。

第 4 章 陆军装备保障转型活动生成模型

战争的实践和时代的发展孕育了创新和变革,新时代的陆军装备保障也必将随着科技创新和武器装备发展而不断变革。陆军装备保障转型具有涉及范围广、不确定因素众多,转型活动生成往往随着不同人员考虑问题的角度不同而不同,转型活动生成的系统性和创新性已经成为制约陆军装备保障转型的关键问题。技术创新理论(TRIZ)是一种通过解决冲突来解决发明问题的理论,具有系统性、科学性和创新性相统一的特点。

将 TRIZ 应用于转型活动生成中,将有效解决装备保障转型活动生成的关键难题。依据目标能力提高之间是否存在矛盾冲突,将陆军装备保障转型活动划分为存在冲突和不存在冲突两种情况。针对目标能力提升中存在冲突情况,采用基于 TRIZ 的转型活动生成方法;针对目标能力提升中不存在冲突情况,采用传统的活动生成方法,运用聚类方法对生成的转型活动进行归并,最后通过分析归并后的转型活动的逻辑关系,建立了陆军装备保障转型活动的 IDEF0 描述模型。

4.1 发明问题解决理论

TRIZ 是基于知识的、面向人的解决发明问题系统化方法学。TRIZ 可为人们创造性地发现问题和解决问题提供了系统化的理论和方法。TRIZ 和方法目前包括以下几个方面:技术系统进化法则、冲突及其解决原理(40 条发明原理、39 个技术参数、冲突矩阵、分离原理)、76 个发明性问题的标准解决方案、发明问题解决算法以及知识效应库。其核心思想是通过发现冲突发现创新问题,通过解决冲突指导创新活动。

Altshuller 在对大量的发明专利研究中发现:不同的发明创造往往遵循共同的规律,尽管不同的技术领域涉及问题不同,但冲突类别有限,解决方法也有其规律。冲突主要可分为技术冲突、物理冲突及管理冲突三类。创新也就是对冲突加以解决。

4.1.1 技术冲突及其解决原理

技术冲突,是指一个作用同时导致有用及有害两种结果,也可指有用作用的引入或有害效应的消除导致一个或几个子系统或系统变坏。例如,增加飞机发动机的功率,一般就可能增加发动机的质量,而原机翼强度不一定足够,实际上等于削弱了机翼的强度。创新就是消除技术冲突。消除技术冲突的过程不仅改善冲突的一个方面,同时又不降低另一方面。

Altshuller 通过对冲突的深入研究已发现了 39 个标准参数,如表 4-1 所列,而任何一个技术冲突都可用其中的一对参数来描述。同时,他还发现由其中一对参数描述的任意技术冲突都有创新解,求该创新解的方法是可确定的,这些方法或原理被归纳出 40 条,即 40 条发明原理,如表 4-2 所列。

表 4-1　39 个标准工程参数

序号	名称	序号	名称	序号	名称
1	运动物体的质量	14	强度	27	可靠性
2	静止物体的质量	15	运动物体作用时间	28	测试精度
3	运动物体的长度	16	静止物体作用时间	29	制造精度
4	静止物体的长度	17	温度	30	物体外部有害因素作用的敏感性
5	运动物体的面积	18	光照度	31	物体产生的有害因素
6	静止物体的面积	19	运动物体的能量	32	可制造性
7	运动物体的体积	20	静止物体的能量	33	可操作性
8	静止物体的体积	21	功率	34	可维修性
9	速度	22	能量损失	35	适应性及多用性
10	力	23	物质损失	36	装置的复杂性
11	应力或压力	24	信息损失	37	监控与测试的困难程度
12	形状	25	时间损失	38	自动化程度
13	结构的稳定性	26	物质或事物的数量	39	生产率

表 4-2　40 条发明原理

序号	原理	序号	原理	序号	原理	序号	原理
1	分割	11	事先防范	21	减少有害作用时间	31	多孔材料
2	抽取	12	等势	22	变害为利	32	颜色改变
3	局部质量	13	反向作用	23	反馈	33	均质性
4	增加不对称性	14	曲面化	24	借助中介物	34	抛弃或再生
5	组合	15	动态特性	25	自服务	35	物理化学参数改变
6	多用性	16	未达到或过度的作用	26	复制	36	相变
7	嵌套	17	空间维数变化	27	廉价替代品	37	热膨胀
8	质量补偿	18	机械振动	28	机械系统替代	38	强氧化剂
9	预先反作用	19	周期性作用	29	气压和液压结构	39	惰性环境
10	预先作用	20	有效作用的连续性	30	柔性壳体或薄膜	40	复合材料

4.1.2　物理冲突

物理冲突就是为了实现某种功能，一个子系统或元件应具有一种特性，但同时出现了与该特性相反的特性。TRIZ 通过总结解决物理冲突，提出了四条分离原理，如图 4-1 所示。

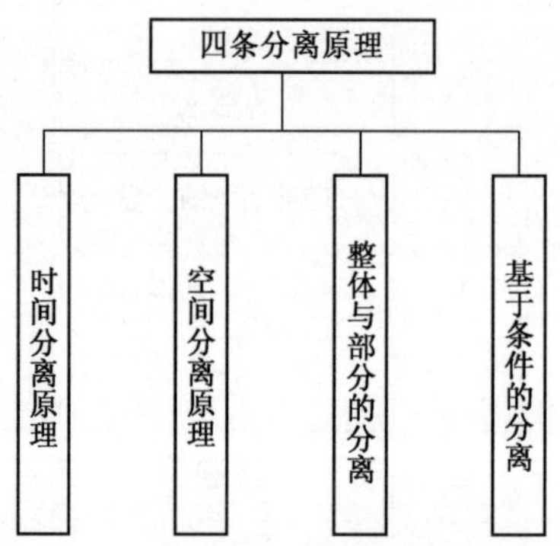

图 4-1　解决物理冲突的分离原理

1. 时间分离原理

时间分离原理是将冲突双方在不同的时间段上进行分离，以降低解决问题的难度。使物体在一个时间段内表现为一种特性，在另一个时间段内表现为另一种特性。当关键子系统冲突双方在某一时间段只出现一方时，时间分离就是可能的。

2. 空间分离原理

空间分离原理是将冲突双方在不同的空间上进行分离,以降低解决问题的难度。使物体的一部分表现为一种特性;另一部分表现为另一种特性。当关键子系统冲突双方在某一个空间只出现一方时,空间分离就是可能的。

3. 整体与部分的分离

整体与部分的分离是将冲突双方在不同的层次分离,以降低解决问题的难度。使整体具有一种特性,而部分具有相反的特性。当冲突双方在关键子系统层次只出现一方,而该方在子系统、系统或超系统层次内不出现时,整体与部分的分离是可能的。

4. 基于条件的分离

基于条件的分离是将冲突双方在不同的条件下分离,以降低解决问题的难度。使物体在特定的条件下表现为唯一的特性,在另一种条件下表现为另一种特性。当关键子系统冲突双方在某一个条件下只出现一方时,基于条件的分离就是可能的。

4.1.3 管理冲突

管理冲突是指为了避免某些现象或希望取得某些结果,需要做一些事情,但不知道如何做。相比于技术冲突和物理冲突,管理冲突更加抽象和无形。

4.2 基于 TRIZ 方法的陆军装备保障转型活动生成

4.2.1 基于 TRIZ 的陆军装备保障转型活动生成方法

1. TRIZ 应用于陆军装备保障转型活动生成基础

TRIZ 采用冲突解决矩阵来分析问题,这些解决方法被证明是切实可行的,而这些原理在技术发明领域,其冲突定义相对比较明确和客观。在装备保障系统中,由于有些属性不具有物理意义上的实体属性,对于其冲突相对抽象,这也是 TRIZ 在应用于其他领域需要重点考虑的问题。

按照系统工程观点,系统内部要素包括组元、结构和运行。组元(Component)是相对独立、具有特定功能的部件或要素(Element);结构(Structure)是指系统内子系统的划分及子系统功能的分配;运行(Operation)是在结构的基础上决定了运转组元的实际运动,从而决定了流动组元的实际变换与流通的机制。系统的功能可以认为由组元、结构和运行共同确定。

在其中的物质组元方面,转型系统的组元与技术领域中的组元具有一致性,在解决组元冲突问题中已经得到广泛证实。

在其中的结构和运行组元方面，TRIZ 研究中的“冲突”仍然存在，TRIZ 理论解决冲突问题所提供的冲突消除的发明创造原理、发明问题解决算法和标准解仍具有基本的适用性。

TRIZ 随着研究进展，其应用领域已向自然科学、社会科学、管理科学等领域发展，因此，将 TRIZ 理论引入装备保障系统中，指导装备保障系统改进，以及在当前环境下的装备保障转型活动生成。

2. 基于 TRIZ 的陆军装备保障转型活动生成步骤

采用 TRIZ 解决陆军装备保障转型问题，可将陆军装备保障活动生成认为是解决陆军装备保障目标能力提升中的矛盾冲突。

(1) 陆军装备保障转型目标能力分析。针对当前陆军装备保障转型实际和目标，提出具体的陆军装备保障转型目标能力参数体系，为陆军装备保障转型提供方向。

(2) 进行冲突分析并建立冲突目标集合。针对当前陆军装备保障转型的目标体系中的能力参数进行两两分析，考虑提升指定的两种目标能力可能存在的冲突，建立冲突目标集合。

(3) 分析目标冲突来源并提出解决措施。通过逐个分析转型目标冲突集合中的两种能力特征，找到引发能力提升矛盾的冲突点，即冲突参数；按照创新原理的基本原则，提出冲突解决的方法措施，并转化为具体可操作的活动。

(4) 转型活动适应性分析与验证。对提出的活动进行可行性分析，查看该活动是否可以达到预期的目的，并对其可能存在的效应进行分析，如果不可行，需要重新利用步骤(3)进行活动生成，直到满意为止。

3. 应用中需要注意的问题

TRIZ 是一种通过解决冲突来解决发明问题的理论，具有系统性、科学性和创新性相统一的特点。将 TRIZ 理论应用于转型活动生成中，可有效解决装备保障转型活动生成的关键难题。在运用 TRIZ 解决陆军装备保障转型活动生成问题中，需要注意以下几点。

(1) 转型目标能力合理确定是基础。转型目标能力要针对我军实际情况和长远发展，注重全面，兼顾重点，才能保障转型活动生成的合理性。

(2) 转型目标能力冲突分析是保证。转型目标能力分析要求准确，只有冲突分析正确，转型活动才能具有指向性。

(3) 转型活动创新生成过程是关键。在找到目标能力冲突点后，提出解决冲突的方法，也即转型活动生成要求具有很强的创造性，在进行该工作时，需要根据转型工作实际进行，运用系统工程分析方法解决。

下面运用上述方法，对基于 TRIZ 的陆军装备保障转型活动生成进行实例分析。

4.2.2 陆军装备保障转型目标能力及冲突分析

陆军装备保障转型是为了适应打赢未来信息化战争的需要而进行的，通过归纳总结，从信息管控、敏捷反应、快速部署、实时控制和技术保障等五个方面建立了陆军装备保障转型目标能力，并加以分解得到陆军装备保障目标能力参数体系，如图 4-2 所示。

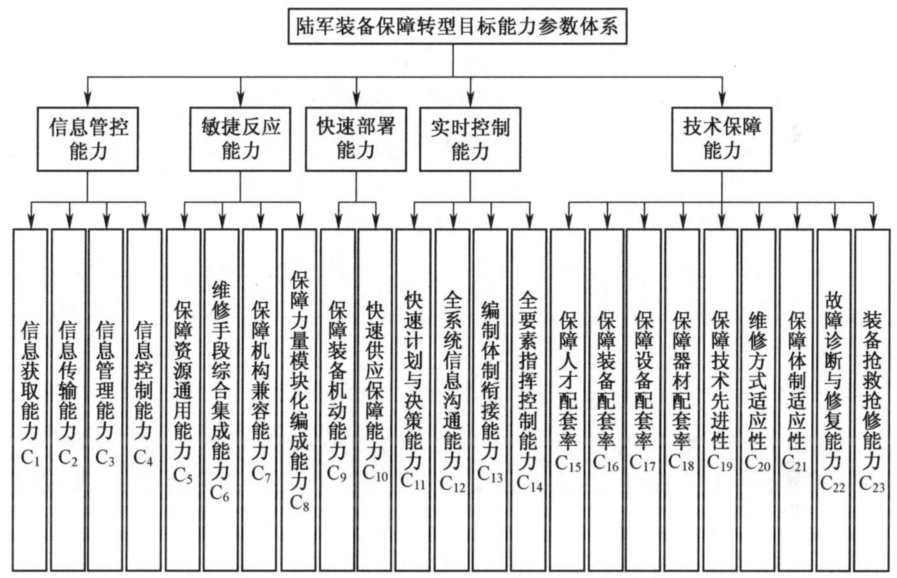

图 4-2　装备保障转型目标能力参数体系

根据装备保障转型目标体系，对该目标体系中的能力进行两两分析，并将具有冲突的能力说明如下。

1. 信息获取能力 C_1 和信息控制能力 C_4

分析：信息获取能力提升，在组织层面上，往往需要建立扁平化组织，组织层级需要减少；在信息控制能力提升中，在组织层面，往往需要强化金字塔结构，增强上级对下级的控制，从而需要组织层级的增加。

2. 信息传输能力 C_2 和信息管理能力 C_3

分析：信息传输能力提升，需要拓宽传输通道，传输过程相对更加难以控制；信息管理能力提高，要求信息传递准确控制。

3. 保障资源通用能力 C_5 和保障人才配套率 C_{15}

保障资源通用能力强，对人员素质提出了更高的要求，从而导致现有人才素质水平不能跟上其需求，导致保障人才配套率下降。

4. 保障资源通用能力 C_5 和保障装备配套率 C_{16}

保障资源通用能力强，对保障装备提出了更高的要求，从而导致现有保障装备不能跟上其需求，导致保障装备配套率下降。

5. 保障资源通用能力 C_5 和保障设备配套率 C_{17}

保障资源通用能力强，对保障设备提出了更高的要求，从而导致现有保障设备不能跟上其需求，导致保障设备配套率下降。

6. 保障资源通用能力 C_5 和保障器材配套率 C_{18}

保障资源通用能力强，对保障器材提出了更高的要求，从而导致现有保障器材不能跟上其需求，导致保障器材配套率下降。

7. 维修手段综合集成能力 C_6 和保障力量模块化编成能力 C_8

维修手段综合集成能力提升，需要加强维修手段的集成程度；保障力量模块化编成能力提升，要求加强维修手段的专用程度，使集成程度下降。

8. 维修手段综合集成能力 C_6 和保障装备机动能力 C_9

维修手段综合集成能力提升，要求增强维修手段的多用型和总体功能，往往会使维修手段支撑的装备质量加大；保障装备机动能力提高，需要相应的保障装备质量减小。

9. 维修手段综合集成能力 C_6 和保障人才配套率 C_{15}

维修手段综合集成能力提升，要求相应的保障人才具备操作复杂维修装备从而实现多种功能的能力，对人员的一专多能能力提出了更高的要求，导致现有保障人员配套率降低。

10. 维修手段综合集成能力 C_6 和保障装备配套率 C_{16}

维修手段综合集成能力提升，要求相应的保障装备具备更加复杂的适应能力和功能，从而对现有保障装备提出了更高的要求，使现有保障装备配套率降低。

11. 维修手段综合集成能力 C_6 和保障设备配套率 C_{17}

维修手段综合集成能力提升，要求相应的保障设备具备更加复杂的适应能力和功能，使现有保障装备配套率降低。

12. 维修手段综合集成能力 C_6 和保障器材配套率 C_{18}

维修手段综合集成能力提升，要求相应的保障器材具备更加复杂的适应能力和功能，使现有保障器材配套率降低。

经过研讨确定的目标冲突矩阵如表 4-3 所列。表 4-3 中首行和最左列为目标能力体系中的序号，1 表示该点所在行和所在列序号所代表的能力有冲突；0 表示没有冲突。

表 4-3 目标冲突矩阵

序号	1	2	3	4	5	6	7	8	9	10	11	12	13	14	15	16	17	18	19	20	21	22	23
1	0	0	0	1	0	0	0	0	0	0	0	0	0	0	0	0	0	0	0	0	0	0	0
2	0	0	0	1	0	0	0	0	0	0	0	0	0	0	0	0	0	0	0	0	0	0	0
3	0	0	0	0	0	0	0	0	0	0	0	0	0	0	0	0	0	0	0	0	0	0	0
4	1	1	0	0	0	0	0	0	0	0	0	0	0	0	0	0	0	0	0	0	0	0	0
5	0	0	0	0	0	0	0	0	0	0	0	0	0	0	1	1	1	1	0	0	0	0	0
6	0	0	0	0	0	0	0	1	1	0	0	0	0	0	1	1	1	1	0	0	0	0	0
7	0	0	0	0	0	0	0	0	0	0	0	0	0	0	0	0	0	0	0	0	0	0	0
8	0	0	0	0	0	1	0	0	0	0	0	0	0	0	0	0	0	0	0	0	0	0	0
9	0	0	0	0	0	1	0	0	0	0	0	0	0	0	0	0	0	0	0	0	0	0	0
10	0	0	0	0	0	0	0	0	0	0	0	0	0	0	0	0	0	0	0	0	0	0	0
11	0	0	0	0	0	0	0	0	0	0	0	0	0	0	0	0	0	0	0	0	0	0	0
12	0	0	0	0	0	0	0	0	0	0	0	0	0	0	0	0	0	0	0	0	0	0	0
13	0	0	0	0	0	0	0	0	0	0	0	0	0	0	0	0	0	0	0	0	0	0	0
14	0	0	0	0	0	0	0	0	0	0	0	0	0	0	0	0	0	0	0	0	0	0	0
15	0	0	0	0	1	1	0	0	0	0	0	0	0	0	0	0	0	0	0	0	0	0	0
16	0	0	0	0	1	1	0	0	0	0	0	0	0	0	0	0	0	0	0	0	0	0	0
17	0	0	0	0	1	1	0	0	0	0	0	0	0	0	0	0	0	0	0	0	0	0	0
18	0	0	0	0	1	1	0	0	0	0	0	0	0	0	0	0	0	0	0	0	0	0	0
19	0	0	0	0	0	0	0	0	0	0	0	0	0	0	0	0	0	0	0	0	0	0	0
20	0	0	0	0	0	0	0	0	0	0	0	0	0	0	0	0	0	0	0	0	0	0	0
21	0	0	0	0	0	0	0	0	0	0	0	0	0	0	0	0	0	0	0	0	0	0	0
22	0	0	0	0	0	0	0	0	0	0	0	0	0	0	0	0	0	0	0	0	0	0	0
23	0	0	0	0	0	0	0	0	0	0	0	0	0	0	0	0	0	0	0	0	0	0	0

4.2.3 目标冲突解决的转型活动生成

根据分析得到的冲突,对解决冲突的活动分析如下。

1. 信息获取能力 C_1 和信息控制能力 C_4

冲突点:组织层级。

解决方法:建立柔性组织 H_1。

2. 信息传输能力 C_2 和信息管理能力 C_3。

冲突点:控制能力。

解决方法：建立信息控制规则 H_2，加强信息安全研究 H_3。

3. 保障资源通用能力 C_5 和保障人才配套率 C_{15}

冲突点：人才素质水平。

解决方法：多方法、多渠道、多内容进行一线操作人员培训 H_4，提高资源智能化水平 H_5，增强教学辅助系统研究 H_6。

4. 保障资源通用能力 C_5 和保障装备配套率 C_{16}

冲突点：装备复杂性。

解决方法：研究新型平战通用保障装备 H_7，加快装备更新速度 H_8。

5. 保障资源通用能力 C_5 和保障设备配套率 C_{17}

冲突点：设备复杂性。

解决方法：研究新型平战通用保障设备 H_9，加快设备更新速度 H_{10}。

6. 保障资源通用能力 C_5 和保障器材配套率 C_{18}

冲突点：器材复杂性。

解决方法：研究新型平战通用保障器材 H_{11}，加快器材配备速度 H_{12}。

7. 维修手段综合集成能力 C_6 和保障力量模块化编成能力 C_8

冲突点：集成程度。

解决方法：发展基于"平台+适配器"的横向一体化保障技术 H_{13}，把按"车型配套"改为"按功能配置" H_{14}。

8. 维修手段综合集成能力 C_6 和保障装备机动能力 C_9

冲突点：装备质量。

解决方法：研制机动能力强的运输平台 H_{15}，研制多功能型设备 H_{16}。

9. 维修手段综合集成能力 C_6 和保障人才配套率 C_{15}

冲突点：人才一专多能能力。

解决方法：进行一专多能培训 H_{17}。

10. 维修手段综合集成能力 C_6 和保障装备配套率 C_{16}

冲突点：装备复杂性。

解决方法：研制综合检测维修装备 H_{18}，加快装备更新速度 H_{19}。

11. 维修手段综合集成能力 C_6 和和保障设备配套率 C_{17}

冲突点：设备复杂性。

解决方法：研究综合检测修理设备 H_{20}，加快设备更新速度 H_{21}。

12. 维修手段综合集成能力 C_6 和保障器材配套率 C_{18}

冲突点：器材复杂性。

解决方法：研究综合集成保障器材 H_{22}，加快器材配备速度 H_{23}。

通过对上述解决方法进行可行性分析并细化，即可得到具体的陆军装备保障转型实施活动。

4.3 基于演绎方法的陆军装备保障转型活动生成

4.3.1 基于演绎方法的转型活动生成程序

转型活动主要目的是应对内、外部环境的影响,对于当前装备保障内部条件不能满足外部环境带来的挑战,以及不能适应保障要求时,就应采取相应的转型措施和转型活动。基于此,对于转型目标能力提出的要求,可以得到基于演绎方法的转型活动生成。

在存在冲突的目标能力提升上,采用 TRIZ 的方法研究转型活动。在以不具备冲突的目标能力提升为目标的情况下,可以在第 3 章提出的转型策略指导下,进行转型活动研究。具体步骤包括:①列出转型策略中与信息传输能力相关的转型策略;②按照策略要求,分析得到相应的转型活动。

4.3.2 基于演绎方法的转型活动生成示例

下面以"信息管控能力"下的"信息获取能力"提升为例,提出相应的转型活动。转型策略中,与"信息传输能力"相关的策略有:W_4O_5"抓住国防经费投入不断增长的机会,克服信息建设未成体系的劣势";W_4O_6"抓住信息技术发展迅速的机会,克服信息建设未成体系的劣势"。

在这两个策略的指导下,提出提升"信息获取能力"的转型活动如下:

(1) 研发新型信息获取设备;

(2) 建立信息网络;

(3) 进行人员信息素养培训;

(4) 建立扁平化组织;

(5) 建立信息获取辅助系统;

(6) 建立信息采集和智能处理机制。

类似可以得到其他能力提升对应的转型活动。

针对信息管控能力提升的活动如表 4-4 所列。

表 4-4　信息管控能力提升的活动

二级能力指标	对应的转型活动
信息获取能力	研发新型信息获取设备、建立信息网络、进行人员信息素养培训、建立扁平化组织、建立信息获取辅助系统、建立信息采集和智能处理机制

（续）

二级能力指标	对应的转型活动
信息传输能力	研发新型信息传输载体、拓宽信息传输通道
信息管理能力	研发并采用新型信息存储载体、建立信息共享机制、建立计算机辅助管理系统、开发信息挖掘技术与手段、对人员进行管理素养培训
信息控制能力	研究全资产可视系统、进行人员信息素养培训、建立信息分发渠道、建立金字塔型组织结构、建立信息自动分发机制

针对敏捷反应能力提升的活动如表 4-5 所列。

表 4-5　敏捷反应能力提升的活动

二级能力指标	对应的转型活动
保障资源通用能力	研究平战兼容理论、研制平战通用的保障设备、器材和装备，进行针对性保障演习
维修手段综合集成能力	开展集成理论研究、发展一体化综合检修装备、按型谱研制专用组合机具、按需求配置装备及机工具、整合维修手段
保障机构兼容能力	调整保障机构的任务；构建以现役保障力量为主、预备役为辅、地方保障力量为补充的平战衔接保障力量体系
保障力量模块化编成能力	建立力量模块化体制、建立模块化编组机制、制定模块化编组方案、进行模块化保障训练

针对快速部署能力提升的活动如表 4-6 所列。

表 4-6　快速部署能力提升的活动

二级能力指标	对应的转型活动
保障装备机动能力	研制机动能力强的保障装备
快速供应保障能力	配置保障需求生成辅助决策系统、进行军民一体化建设、进行储备规划、研究物联网应用技术、研制新型装载和运输设备、改进供应保障体制

针对实时控制能力提升的活动如表 4-7 所列。

表 4-7　实时控制能力提升的活动

二级能力指标	对应的转型活动
快速计划与决策能力	多方法、多渠道进行保障决策支持人员培训、建立决策支持系统、优化决策机制
全系统信息沟通能力	延伸网络终端节点、研制新型信息终端、建立信息沟通机制进行战斗人员沟通训练
编制体制衔接能力	加强装备保障战备建设

（续）

二级能力指标	对应的转型活动
全要素指挥控制能力	进行保障模拟训练、开发保障态势生成系统、一体化保障指挥平台使用培训、进行保障辅助系统集成开发、多方法、多渠道进行保障指挥人员培训、引进先进管理方法

针对技术保障能力提升的活动如表4-8所列。

表4-8　技术保障能力提升的活动

二级能力指标	对应的转型活动
保障人才配套率	进行专业培训、研发保障模拟训练系统、建立人才引进机制
保障装备配套率	研制新型保障装备、优化保障装备供应渠道
保障设备配套率	研制保障设备、优化保障设备供应渠道
保障器材配套率	优化保障器材供应渠道
保障技术先进性	开发新的保障技术
维修方式适应性	积极探索适应性强的维修方式
保障体制适应性	进行编制体制理论研究、优化编制体制、改进运行机制
故障诊断与修复能力	进行故障检测、远程维修、虚拟维修、自动识别等技术的实用化，采用新型保障装备、设备等，提高维修人员业务水平、增加技术岗位编制
装备抢救抢修能力	研究抢救抢修技术、配备抢救抢修装备设备、进行抢救抢修人员培训、建立保障模拟训练系统

4.4　陆军装备保障转型活动聚类

4.4.1　陆军装备保障转型活动汇总分析

由于生成的活动是按照能力以及能力冲突解决的方式生成，需要进行有效梳理和归类，以便进行活动安排。将生成的活动按照转型要素进行直接汇总，汇总结果如表4-9所列。

表4-9　按要素归类后的转型活动

要素	转型活动
保障理论	研究平战兼容理论、开展集成理论研究、进行编制体制理论研究
保障装备	提高资源智能化水平，研究新型平战通用保障装备，加快装备更新速度，把按“车型配套”改为“按功能配置”，研制机动能力强的运输平台，研制多功能型设备，研制综合检测维修装备，研制平战通用的保障设备、器材和装备，发展一体化综合检修装备，研制机动能力强的保障装备，研制新型装载和运输设备，加强装备保障战备建设，研制新型保障装备，采用新型保障装备、设备等，配备抢救抢修装备设备

（续）

要素	转型活动
保障技术	发展基于“平台+适配器”的横向一体化保障技术、开发信息挖掘技术与手段、整合维修手段、研究物联网应用技术、引进先进管理方法、研发保障模拟训练系统、开发新的保障技术、积极探索适应性强的维修方式、进行故障检测技术、远程维修技术、虚拟维修技术、自动识别技术的实用化、研究抢救抢修技术
保障器材	增强教学辅助系统研究、研究新型平战通用保障设备、研究新型平战通用保障器材、加快器材配备速度、研究综合集成保障器材、按型谱研制专用组合机具、按需求配置装备及机工具、进行储备规划、建立保障模拟训练系统
保障人才	多方法、多渠道、多内容进行一线操作人员培训,进行一专多能培训,进行人员信息素养培训,对人员进行管理素养培训,进行针对性保障演习,进行模块化保障训练,多方法、多渠道进行保障决策支持人员培训,进行战斗人员沟通训练,进行保障模拟训练,一体化保障指挥平台使用培训,进行专业培训,提高维修人员业务水平,进行抢救抢修人员培训
保障信息	加强信息安全研究、研发新型信息获取设备、建立信息网络、建立信息获取辅助系统、研发新型信息传输载体、拓宽信息传输通道、研发并采用新型信息存储载体、建立计算机辅助管理系统、研究全资产可视系统、配置保障需求生成辅助决策系统、建立决策支持系统、延伸网络终端节点、研制新型信息终端、开发保障态势生成系统、进行保障辅助系统集成开发
保障组织	建立柔性组织、调整保障机构的任务、增加技术人员编制
保障体制	建立扁平化组织,建立金字塔型组织结构,构建以现役保障力量为主、预备役为辅、地方保障力量为补充的平战衔接保障力量体系,建立力量模块化体制,建立模块化编组机制,进行军民一体化建设,改进供应保障体制,优化决策机制,优化保障装备供应渠道,优化保障设备供应渠道,优化保障器材供应渠道,优化编制体制
运行机制	建立信息控制规则、建立信息采集和智能处理机制、建立信息共享机制、建立信息分发渠道、建立信息自动分发机制、制定模块化编组方案、建立信息沟通机制、建立人才引进机制、改进运行机制

4.4.2 陆军装备保障转型活动聚类分析方法

表 4-9 根据各个转型要素将散乱的转型活动进行了归类。但归类后的活动仍不系统,有些活动的性质很相似,可以合并,为了弄清装备保障转型活动之间的这种复杂关系,必须将转型活动进行模糊聚类。

聚类步骤如下。

1. 确定需要聚类的转型活动的集合

设保障理论、保障装备、保障技术、保障器材、保障人才、保障信息、保障组织、保障体制、运行机制等 9 个转型要素分别用 C_1、C_2、C_3、C_4、C_5、C_6、C_7、C_8、C_9 表示,则转型活动的总体为

$$C=(C_1,C_2,C_3,C_4,C_5,C_6,C_7,C_8,C_9)$$

2. 建立模糊相似矩阵

转型活动进行聚类需要考虑其功能特性、作用特性等相似度。确定活动 C_{ki} 与活动 C_{kj} 的相似系数,可用下式计算:

$$r_{ij}=1-c\sum_{k=1}^{n}|C_{ki}-C_{kj}| \quad (i,j=1,2,\cdots,m) \tag{4.1}$$

式中:c 为修正系数,在(0,1)中取值;$r_{ij}\in[0,1]$,r_{ij} 的值越大,表示活动 C_{ki} 与活动 C_{kj} 相似程度越高;$r_{ij}=0$,表示两者无相似之处;$r_{ij}=1$,表示两者属于同类;当 $i=j$ 时,r_{ij} 就是自己与自己的相似程度,恒为1。由此可以得出模糊相似矩阵 $\widetilde{\boldsymbol{R}}=(r_{ij})_{mm}$。

3. 求解传递闭包

步骤2求出的模糊矩阵是相似矩阵,但未必满足传递性,需要构造出模糊等价矩阵。包含模糊相似矩阵的最小模糊等价矩阵叫传递闭包,记为 $t(\widetilde{\boldsymbol{R}})$。可用Matlab编程求出传递闭包 $t(\widetilde{\boldsymbol{R}})$。

4. 聚类分析

根据模糊数学理论,可按论域上的普通等价关系形成的等价类对转型活动进行划分,即可以把指定的活动集分为互不相交的若干子集,使活动集的任意一个元素属于某个子集,这就是转型活动聚类的原理。

若 $\widetilde{\boldsymbol{R}}$ 是模糊等价关系,对于 $\lambda\in[0,1]$,$\widetilde{\boldsymbol{R}}$ 对应的等价关系 $\boldsymbol{R}_\lambda$ 都是普通等价关系。λ 取值不同,对活动集的划分也就不同。

$\boldsymbol{R}_\lambda$ 的计算方法是:当传递闭包的元素值 $r_{ij}\geqslant\lambda$ 时就令 $r_{ij}=1$;当 $r_{ij}<\lambda$ 时就令 $r_{ij}=0$,由此得出 $\boldsymbol{R}_\lambda$。只有那些对应的行列组成的矩阵元素全为1的活动才能分为一类。

4.4.3 对保障人才转型活动进行聚类

保障人才转型活动有:多方法、多渠道、多内容进行人员培训,进行一专多能培训,进行人员信息素养培训,对人员进行管理素养培训,进行人员信息素养培训,进行针对性保障演习,进行模块化保障训练,多方法、多渠道进行保障决策支持人员培训,进行战斗人员沟通训练,进行保障模拟训练,一体化保障指挥平台使用演练,多方法、多渠道进行保障指挥人员培训,进行抢救抢修人员培训等13项活动。它们的集合表示为

$$C_5=(C_{51},C_{52},C_{53},C_{54},C_{55},C_{56},C_{57},C_{58},C_{59},C_{510},C_{511},C_{512},C_{513})$$

请专家对各个转型活动在功能方面、作用特性和应用领域的相似程度进行评分，得模糊相似矩阵。

$$\widetilde{\boldsymbol{R}} = (r_{ij})_{13\times 13} =$$

$$\begin{pmatrix}
1 & 0.8 & 0.5 & 0.4 & 0.4 & 0.2 & 0.9 & 0.9 & 0.8 & 0.8 & 0.3 & 0.9 & 0.2 \\
0.8 & 1 & 0.3 & 0.3 & 0.3 & 0.2 & 0.8 & 0.8 & 0.7 & 0.7 & 0.3 & 0.8 & 0.4 \\
0.5 & 0.3 & 1 & 0.8 & 0.8 & 0.3 & 0.2 & 0.1 & 0.2 & 0.3 & 0.1 & 0.2 & 0.9 \\
0.4 & 0.3 & 0.8 & 1 & 0.9 & 0.4 & 0.3 & 0.3 & 0.2 & 0.4 & 0.1 & 0.4 & 0.8 \\
0.4 & 0.3 & 0.8 & 0.9 & 1 & 0.3 & 0.4 & 0.3 & 0.3 & 0.3 & 0.2 & 0.3 & 0.8 \\
0.2 & 0.2 & 0.3 & 0.4 & 0.3 & 1 & 0.4 & 0.3 & 0.3 & 0.4 & 0.8 & 0.2 & 0.3 \\
0.9 & 0.8 & 0.2 & 0.3 & 0.4 & 0.4 & 1 & 0.8 & 0.9 & 0.8 & 0.4 & 0.8 & 0.3 \\
0.9 & 0.8 & 0.1 & 0.3 & 0.3 & 0.3 & 0.8 & 1 & 0.9 & 0.8 & 0.4 & 0.8 & 0.3 \\
0.8 & 0.7 & 0.2 & 0.2 & 0.3 & 0.3 & 0.9 & 0.9 & 1 & 0.9 & 0.3 & 0.8 & 0.2 \\
0.8 & 0.7 & 0.3 & 0.4 & 0.3 & 0.4 & 0.8 & 0.8 & 0.9 & 1 & 0.4 & 0.7 & 0.4 \\
0.3 & 0.3 & 0.1 & 0.1 & 0.2 & 0.8 & 0.4 & 0.4 & 0.3 & 0.4 & 1 & 0.3 & 0.2 \\
0.9 & 0.8 & 0.2 & 0.4 & 0.3 & 0.2 & 0.8 & 0.8 & 0.8 & 0.7 & 0.3 & 1 & 0.5 \\
0.2 & 0.4 & 0.9 & 0.8 & 0.8 & 0.3 & 0.3 & 0.3 & 0.2 & 0.4 & 0.2 & 0.5 & 1
\end{pmatrix}$$

经过计算求得传递闭包为

$$t(\widetilde{\boldsymbol{R}}) = (\widetilde{\boldsymbol{R}})^{13} =$$

$$\begin{pmatrix}
1 & 0.8 & 0.5 & 0.5 & 0.5 & 0.4 & 0.9 & 0.9 & 0.9 & 0.9 & 0.4 & 0.9 & 0.5 \\
0.8 & 1 & 0.5 & 0.5 & 0.5 & 0.4 & 0.8 & 0.8 & 0.8 & 0.8 & 0.4 & 0.8 & 0.5 \\
0.5 & 0.5 & 1 & 0.8 & 0.8 & 0.4 & 0.5 & 0.5 & 0.5 & 0.5 & 0.4 & 0.5 & 0.9 \\
0.5 & 0.5 & 0.8 & 1 & 0.9 & 0.4 & 0.5 & 0.5 & 0.5 & 0.5 & 0.4 & 0.5 & 0.8 \\
0.5 & 0.5 & 0.8 & 0.9 & 1 & 0.4 & 0.5 & 0.5 & 0.5 & 0.5 & 0.4 & 0.5 & 0.8 \\
0.4 & 0.4 & 0.4 & 0.4 & 0.4 & 1 & 0.4 & 0.4 & 0.4 & 0.4 & 0.8 & 0.4 & 0.4 \\
0.9 & 0.8 & 0.5 & 0.5 & 0.5 & 0.4 & 1 & 0.9 & 0.9 & 0.9 & 0.4 & 0.9 & 0.5 \\
0.9 & 0.8 & 0.5 & 0.5 & 0.5 & 0.4 & 0.9 & 1 & 0.9 & 0.9 & 0.4 & 0.9 & 0.5 \\
0.9 & 0.8 & 0.5 & 0.5 & 0.5 & 0.4 & 0.9 & 0.9 & 1 & 0.9 & 0.4 & 0.9 & 0.5 \\
0.9 & 0.8 & 0.5 & 0.5 & 0.5 & 0.4 & 0.9 & 0.9 & 0.9 & 1 & 0.4 & 0.9 & 0.5 \\
0.4 & 0.4 & 0.4 & 0.4 & 0.4 & 0.8 & 0.4 & 0.4 & 0.4 & 0.4 & 1 & 0.4 & 0.4 \\
0.9 & 0.8 & 0.5 & 0.5 & 0.5 & 0.4 & 0.9 & 0.9 & 0.9 & 0.9 & 0.4 & 1 & 0.5 \\
0.5 & 0.5 & 0.9 & 0.8 & 0.8 & 0.4 & 0.5 & 0.5 & 0.5 & 0.5 & 0.4 & 0.5 & 1
\end{pmatrix}$$

参考专家的意见,当 $\lambda = 0.8$ 时的分类比较恰当。

$$
\boldsymbol{R}_{\lambda} = \begin{pmatrix}
1 & 1 & 0 & 0 & 0 & 0 & 1 & 1 & 1 & 1 & 0 & 1 & 0 \\
1 & 1 & 0 & 0 & 0 & 0 & 1 & 1 & 1 & 1 & 0 & 1 & 0 \\
0 & 0 & 1 & 1 & 1 & 0 & 0 & 0 & 0 & 0 & 0 & 0 & 1 \\
0 & 0 & 1 & 1 & 1 & 0 & 0 & 0 & 0 & 0 & 0 & 0 & 1 \\
0 & 0 & 1 & 1 & 1 & 0 & 0 & 0 & 0 & 0 & 0 & 0 & 1 \\
0 & 0 & 0 & 0 & 0 & 1 & 0 & 0 & 0 & 0 & 1 & 0 & 0 \\
1 & 1 & 0 & 0 & 0 & 0 & 1 & 1 & 1 & 1 & 0 & 1 & 0 \\
1 & 1 & 0 & 0 & 0 & 0 & 1 & 1 & 1 & 1 & 0 & 1 & 0 \\
1 & 1 & 0 & 0 & 0 & 0 & 1 & 1 & 1 & 1 & 0 & 1 & 0 \\
1 & 1 & 0 & 0 & 0 & 0 & 1 & 1 & 1 & 1 & 0 & 1 & 0 \\
0 & 0 & 0 & 0 & 0 & 1 & 0 & 0 & 0 & 0 & 1 & 0 & 0 \\
1 & 1 & 0 & 0 & 0 & 0 & 1 & 1 & 1 & 1 & 0 & 1 & 0 \\
0 & 0 & 1 & 1 & 1 & 0 & 0 & 0 & 0 & 0 & 0 & 0 & 1
\end{pmatrix}
$$

分析上述矩阵,第 1、2、7、8、9、10、12 行是相同的,它们与对应的列组成的矩阵元素全为 1,因此这几项活动分为一类,命名为“研究训练方法”。

矩阵 $\boldsymbol{R}_{\lambda}$ 的第 3、4、5、13 行是相同的,它们与对应的列组成的矩阵元素全为 1,因此这几项活动分为一类,命名为“实施人员专业培训”。

矩阵 $\boldsymbol{R}_{\lambda}$ 的第 6、11 行是相同的,它们与对应的列组成的矩阵元素全为 1,因此这几项活动分为一类,命名为“增强保障演练”。

因此,保障人才转型对应的保障转型活动分为三类,即

$$C_5 = \{\{C_{51}, C_{52}, C_{57}, C_{58}, C_{59}, C_{510}, C_{512}\}, \{C_{53}, C_{54}, C_{55}, C_{513}\}, \{C_{56}, C_{511}\}\}$$

其各自的活动名称为

C_5 = {{研究训练方法},{实施人员专业培训},{增强保障演练}}

相对应地,有

$$C_2 = (C_{21}, C_{22}, C_{23}, C_{24}, C_{25}, C_{26}, C_{27}, C_{28}, C_{29}, C_{210}, C_{211}, C_{212}, C_{213}, C_{214}, C_{215}, C_{216})$$

保障装备转型对应的保障转型活动分为三类,即

$$C_2 = \{\{C_{22}, C_{25}, C_{26}, C_{27}, C_{28}, C_{210}, C_{211}, C_{213}\}, \{C_{21}, C_{24}, C_{29}\}, \{C_{23}, C_{212}, C_{214}, C_{215}\}\}$$

其各自的活动名称为

C_2 = {{研究新装备},{提高现有装备的信息化智能化水平},{加速配套建设}}

依此类推,得出其他要素的转型活动聚类结果,如图 4-3 所示。

保障理论	保障装备	保障技术
▶ 研究新型保障理论 ▶ 研究保障资源集成理论 ▶ 研究编制体制调整理论 ▶ 研究平战一体化相关理论	▶ 研究新装备 ▶ 提高现有装备的信息化、智能化水平 ▶ 加速配套建设	▶ 研究信息技术 ▶ 研究维修技术 ▶ 研究供应技术 ▶ 研究管理技术 ▶ 研究训练技术 ▶ 研究一体化保障技术

（a）

保障器材	保障人才	保障信息
▶ 开发训练辅助系统 ▶ 研制新型保障器材 ▶ 进行储备规划 ▶ 加速配套建设	▶ 研究训练方法 ▶ 实施人员专业培训 ▶ 增强保障演练	▶ 建设信息硬件 ▶ 配置信息软件 ▶ 开发信息辅助系统 ▶ 增强信息安全

（b）

保障组织	保障体制	运行机制
▶ 建立柔性组织 ▶ 调整机构任务 ▶ 增加技术岗位编制	▶ 优化力量体制 ▶ 改进供应体制 ▶ 优化决策体制 ▶ 构建模块化体制	▶ 建立人才引进机制 ▶ 建立信息沟通机制 ▶ 建立信息处理机制 ▶ 建立信息控制机制

（c）

图 4-3　陆军装备保障转型活动聚类结果

4.5　基于 IDEF0 的陆军装备保障转型活动建模

4.5.1　IDEF0 建模原理

IDEF(ICAM DEFinition Method)是在美国空军 ICAM(Integrated Computer Aided Manufacturing)工程中发展起来的一套用于复杂系统分析和建模的方法。IDEF0 是 IDEF 系列方法之一,其原理为利用自顶向下、逐层分解的思想,建立系统的功能模型,即主要用来描述系统的功能、活动和过程。

IDEF0 模型将复杂的系统分解成一个个小部分,每一个小部分都由一个盒子和若干箭头构成。每个部分可以经过分解,再用一个盒子和若干箭头来表示其细节部分,也可以同其他部分一起,构成其上一级结构。其基本结构如图 4-4 所示。

图 4-4 中盒子代表该部分的活动,通常用主动动词短语来进行描述;盒子

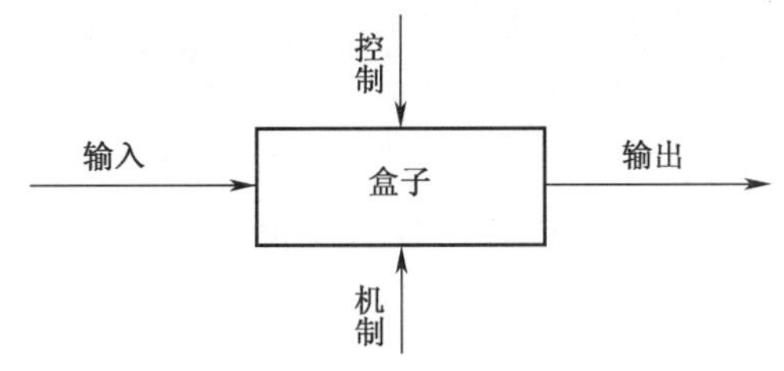

图 4-4　IDEF0 基本结构

左边和上方的箭头分别代表输入、控制，是完成该部分活动所需的内容；盒子右边的箭头代表通过该部分活动所输出的内容；盒子下方的箭头代表机制，是完成活动所需要的人员或者设备；一个活动中，可以有多个输入、控制、输出及机制。

需要注意的是：①输入和控制不同，输入是活动的消耗，而控制是进行活动的条件或者环境，一个活动中，可以没有输入，但必须有一个控制箭头；②盒子表示一组相关的活动，不一定只具有单一的作用，在不同的条件和环境下，输入和控制不同，盒子的输出也不同；③在箭头与盒子的连接端加上括号，则表示该箭头不会出现在下一级图形的边界箭头中。

4.5.2　陆军装备保障转型活动内外关系图

运用 IDEF0 建模原理，分析当前陆军装备保障转型活动的输入、输出、控制、机制等方面，得到装备保障转型活动内外关系图，如图 4-5 所示。

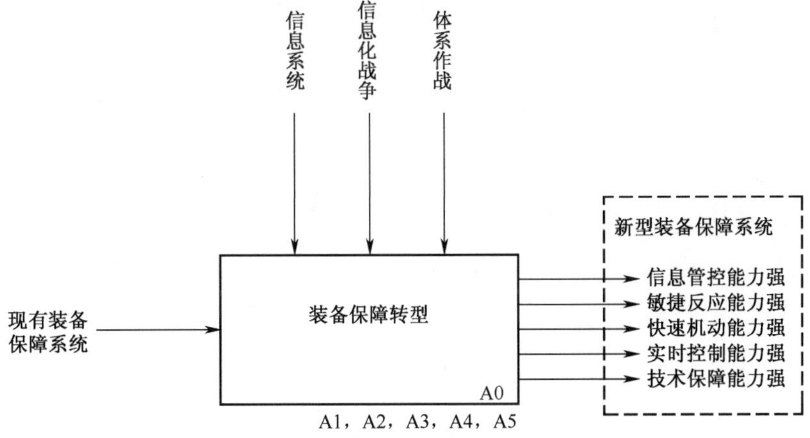

图 4-5　陆军装备保障转型活动内外关系图

4.5.3　陆军装备保障转型 IDEF0 模型建立

根据前面针对转型活动的归并，结合 IDEF0 模型建立规则，将保障装备、保障器材、保障人才、保障信息用资源建设来表示;将保障组织和保障体制用体制建设来表示,建立陆军装备保障转型活动的逻辑关系和功能结构,即 A0 图,如图 4-6 所示。将陆军装备保障转型总体结构按层逐级分解,可得到逐步细化的陆军装备保障转型活动的 IDEF0 图,装备保障理论转型 IDEF0 模型(A1)如图 4-7所示,装备保障技术转型 IDEF0 模型(A2)如图 4-8 所示,其他 IDEF0 可类似分析得到。

通过对陆军装备保障转型的各个关键要素所需进行的转型活动逻辑关系和功能关系进行描述,为陆军装备保障转型的组织实施提供了基础。

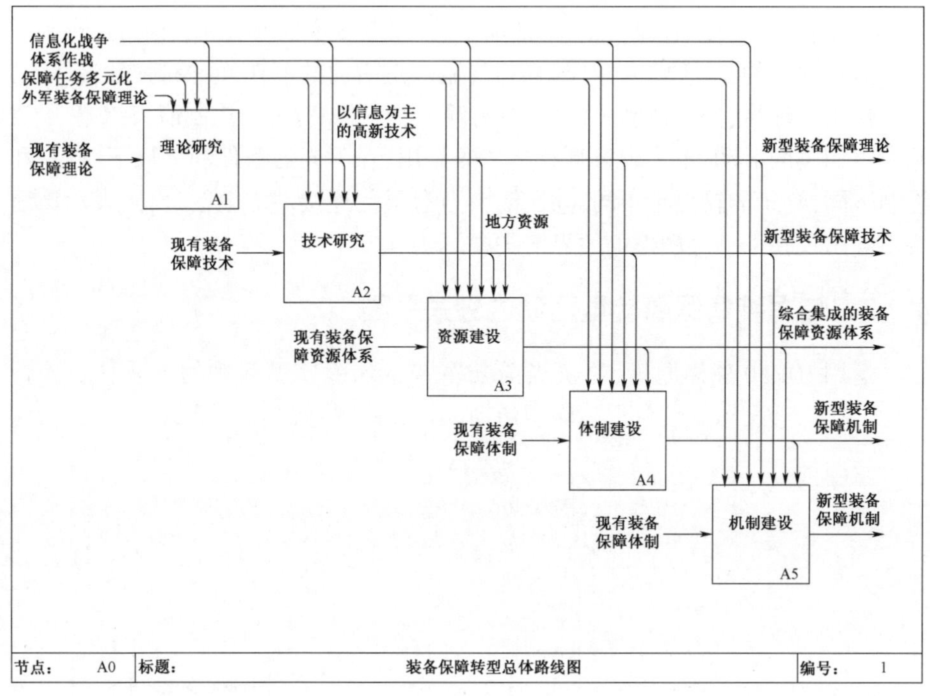

图 4-6　装备保障转型总体路线图

陆军装备保障转型活动生成是陆军装备保障转型项目生成的基础工作,为转型项目的提出奠定基础。对此,基于 TRIZ 方法和基于演绎方法对转型活动生成问题进行研究,基于 TRIZ 方法从目标能力出发,使生成的转型活动具有创新性和合理性;全面考虑了转型目标的支撑作用和战略要求,使转型活动生成具有系统性和科学性。

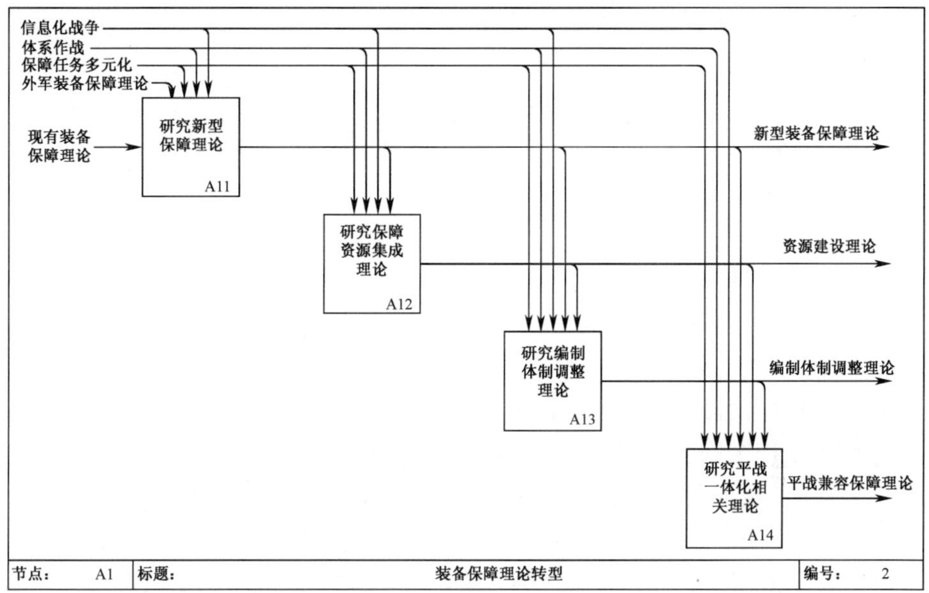

图 4-7　装备保障理论转型

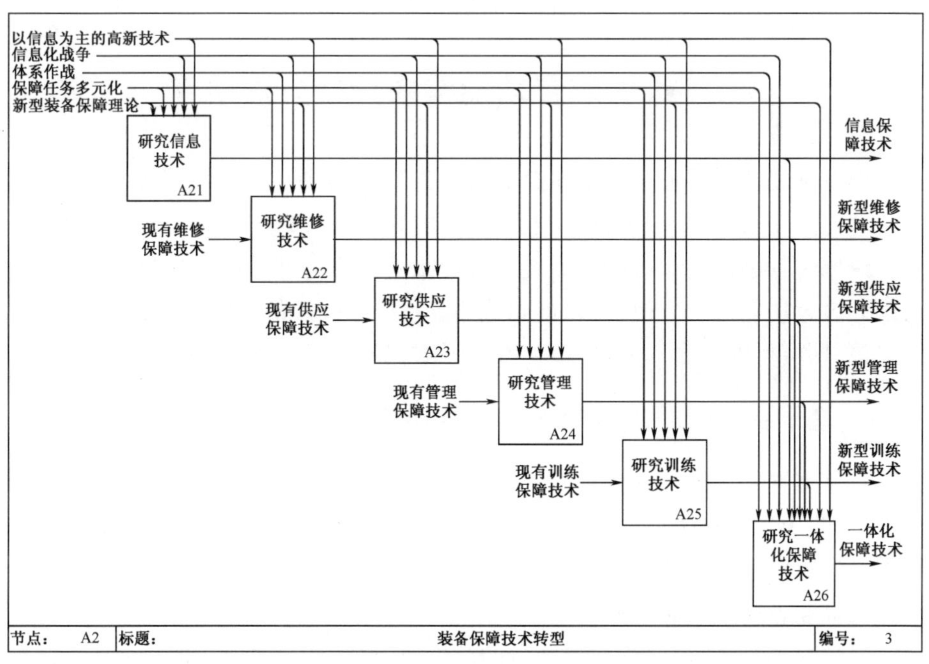

图 4-8　装备保障技术转型

第 5 章　维修装备功能规划模型

武器装备发展及其体系建设,是军队现代化建设的物质基础。而用于保障武器装备的维修装备则是提高信息化条件下装备保障能力的关键因素之一。以野战化条件下实施武器装备维修保障为目标,对维修装备或维修装备群进行功能规划设计,是武器装备发展的必然要求。在武器装备发展论证中,科学规划维修装备功能,使维修装备能够集中使用,可以提高维修装备的使用效能,进而提高维修装备的战备完好性。对此,本章在建立维修装置功能需求体系的基础上,以场合为基准的维修装备功能规划,从武器装备不同场合下的故障特点出发,以维修装备有效利用为目标,建立维修装备功能划分模型,将维修装置配置到不同的维修装备上,有利于维修装备在不同场合使用时动用相对集中,提高维修装备的战备完好性,从而达到维修装备功能设计的体系优化。

5.1　维修装置功能需求分析方法研究

装备维修功能需求分析是在武器装备结构分析和故障分析的基础上,对维修装置提出需求,并初步进行功能整合,为维修装备研制和功能规划提供基础。

维修装置是指能够进行武器装备维护或修理的具有一定功能的部件。通过对维修装置功能进行分析,可以得到武器装备维修装置的功能分析,进而通过整合决策,即可得到组合形成具有多功能、野战化的维修装备。

5.1.1　基于装备分析的维修装置功能需求分析

维修装置的功能需求分析方法很多,目前采用的大多是基于经验、相似型号装备类比、历年需求统计等需求分析方法,这些方法存在主观性大、随意性强等缺点。通过对武器装备进行维修分析,可以明确武器装备的维修功能需求,进而确定武器装备或武器装备族的维修装置。

具体原理是:通过建立武器装备的结构树,对结构树底层中的单元进行故障模式及影响分析、修复性维修分析、RCM 分析以及修理级别分析,形成维修任务,以及维修装置需求。相对于其他方法来说,这种方法是从武器装备底层出发,具有较强的系统性和科学性。

基于装备分析的维修装置功能需求主要包括以下步骤。

1. 确定装备结构划分

构建装备结构树,即将装备逐层进行分解,并将不会发生故障的单元划掉,并得到装备结构树形图。在分解中,不同目的下分解的结果有所不同。考虑当前维修级别主要包括基地级维修和部队级维修两级,若以部队级维修为目标,则可分解到外场可更换单元为止;若以基地级维修为目标,则需要更细致的分解。

2. FMEA 分析

FMEA 分析从产品每一个潜在的故障模式入手,确定对产品功能所产生的影响,并把潜在故障模式按其严重程度分类。

3. 维修分析

维修分析包括 RCM 分析、CBM 分析和修复性维修分析三种,都是在 FMEA 分析的基础上进行的。

RCM 分析是对一些具有安全性、任务性和重大经济性影响的故障原因采取相应的预防措施,找到相应的预防性维修工作。主要包括 RCM 逻辑决断、预防性间隔期确定等。

CBM 分析是针对一些其发生与状态相关的故障进行,找出故障的检测部位、检测方法、时间间隔期等。

修复性维修分析是对每一个故障原因,分析确定其修复性维修工作内容的过程,这些内容包括确定维修单元和修复性维修工作类型等。其中确定维修单元包括确定导致故障的单元、确定维修需求和确定维修范围;确定维修工作类型包括维护保养、更换、测试、调试、修理等。

根据维修分析结果,结合修理级别分析,可以汇总形成维修任务分配表。

4. 维修级别分析

修理级别分析(Level of Repair Analysis, LORA)是针对故障项目,按照一定的准则为其确定经济、合理的维修级别以及在该级别的修理方法(维修工作类型)的过程。

5. 维修工作分析

维修工作分析(Maintenance Task Analysis, MTA)是将装备的维修项目分解为作业步骤进行详细分析,用以确定各类维修保障资源的品种和数量的过程。

6. 维修装置功能需求

根据维修工作分析结果,确定维修装置功能,以当前类似维修装置或维修设备为基础,初步判断维修装置的特征参数。

5.1.2 维修装置功能整合研究

尽管通过 5. 1. 1 小节维修装置功能需求分析可以得到初步的维修装置功能和特征参数,但还存在维修装置品种重复设置、功能重叠等问题,需要进一步整合维修装置功能,形成合理的维修装置功能配置。

1. 整合思路

维修装置功能整合主要是将具有功能相似或特征相似的维修装置进行整理和合并,从而形成科学合理的维修装置功能体系。整合可以通过以下步骤来实现:

(1) 特征功能提取。即提取维修装置的功能特征,以便进行相似性分析。

(2) 分析功能特征的相似或关联程度。若功能相似,可以考虑去除其中一个功能;若功能关联较大并且适应面较窄,可以考虑将两个功能合并成一个功能。

(3) 整合功能形成维修装置功能体系。通过整合决策确定最优的维修装置功能体系。

2. 整合方法

整合分析是分析判断维修装置之间功能相似性或相关性,确定需要进行整合的对象。即通过分析维修装置的功能特征,计算维修装置之间的相似度或相关度,进而筛选出需要进行整合的对象。

对维修装置的整合分析可以采用模糊聚类的分析方法,通过对设备/部件的功能特征进行模糊聚类分析,判断设备/部件功能特征之间的相似程度。具体可依照 4. 4. 2 小节的方法进行。

3. 整合功能特征提取

维修装置主要包括通用类和专用类两种。

1) 通用类

对于通用维修装置的整合,重点是简化部件的品种和结构。可将通用维修装置按照功能细化为四大类:检测调试类、拆装修理类、维护保养类和其他类。

要完成对通用维修装置的整合,首先要收集提取维修装置的功能特征,功能特征由维修装置的性能、用途以及维修任务的要求等因素而定。不同的功能特征有不同的表征,对于检测调试类维修装置来说,不仅要考虑其自身的性能(如电气、光学、力学等),还要考虑维修任务对设备/部件的使用要求(如接口、量程、灵敏度等);对于拆装修理类维修装置来说,主要需要考虑维修任务对设备/部件要求的物理参数(如加工精度、外形尺寸、强度、体积、质量等)。通用维修装置功能特征如表 5-1 所列。

表 5-1　通用维修装置功能特征表示

类型	功能特性描述	
检测调试类	性能参数	电气特性、光学特性、力学特性等
	使用要求	接口、量程、灵敏度等要求
拆装修理类	物理参数	加工精度、外形尺寸、强度、体积等

2）专用类

对于专用维修装置的整合，重点放在研制阶段，通过整合实现其功能的综合。即在维修工作中对设备/部件需求功能进行整合，将其中相似或相关的功能需求整理综合到一种维修装置上，以整合维修工作对设备/部件的功能需求实现对专用维修装置的整合，解决其因为功能单一导致过多设置专用维修装置的问题，实现专用维修装置的综合化和多功能化。

专用维修装置是指专门为某一装备所研制的完成某特定保障功能的设备/部件，其使用有较强的针对性。与通用维修装置相似，本小节根据维修装置的分类，将专用维修装置细分为四类，即检测调试类、拆装修理类、维护保养类和其他类。专用维修装置功能特征如表 5-2 所列。

表 5-2　专用维修装置功能特征表示

类型	分类	功能特性描述
检测调试类	平台适配器类	信号采集指标、电量测试指标、可靠性指标等
	单体测试类	功能描述、用途、使用对象等

5.2　维修装备功能划分模型建立

经典功能规划的做法经常突出人员与装备的优化配置，这种做法主要侧重点在于方便管理和人员配置，但没有考虑武器装备发生故障的规律，造成武器装备使用过程中动用的维修装备种类多，不利于维修装备的战备完好性的保持。武器装备使用往往是在不同场合下进行的，常见场合如平时情况与战时情况，平原环境与高原环境、沙漠环境与湿热环境等。由于在不同场合其面临的任务剖面不同，武器装备的故障率也有所不同。因此，本节提出了以场合为基准进行维修装置划分的思路，即将装备发生概率较其他场合大的故障对应的维修装置尽量配置到一台维修装备上。

5.2.1 维修装备功能划分考虑的问题

维修装备功能设计是在武器装备研制和生产初期进行的,此时,已经可以分析出武器装备的基本组成部件、可能的故障模式及故障率,并同步设计出故障得以排除的维修装置。根据维修野战化需求,将所有维修装置配置到不同的维修装备上,需要进行维修装备的基本功能划分。维修装备由维修装置和底盘通过一定的方式组合而成,如图 5-1 所示。

在进行维修装备功能划分时,需要考虑以下主要问题。

(1) 维修装备的配置种类。就某一类武器装备来说,其配套的维修装备种类尽可能少,以最少的配套维修装备满足武器装备的维修需求。

(2) 维修装备的使用场合。使用场合是指武器装备所处于的任务剖面或者面临的战损环境。由于武器装备在不同使用条件(如平时与战时、湿热环境和高原高寒环境)下,同一故障模式的故障率有较大不同,在规划维修装备的维修功能时,应对不同场合发生故障的规律加以考虑,尽可能使不同的维修装备适用于不同的使用场合。

(3) 维修装置占用的容积。由于维修装置搭载的底盘具有一定的容量,可以用体积或面积来表征,维修装置所占用的总容量不能超过该底盘的限制。

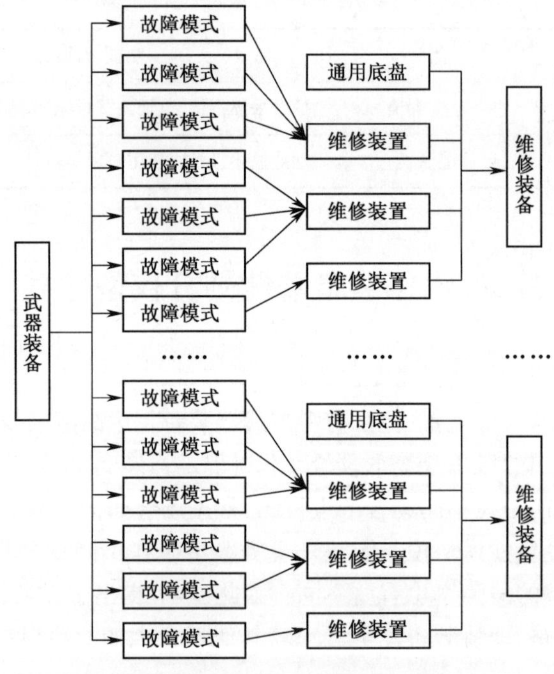

图 5-1 武器装备对应维修装备功能关系图

5.2.2 模型假设

假设某型装备发生故障集 $\boldsymbol{F}=\{F_i\}(i=1,2,\cdots,I)$，对应的维修装置集为 $\boldsymbol{B}=\{B_j\}(j=1,2,\cdots,J)$，维修装置属性集 $\boldsymbol{A}=\{V_j\}(j=1,2,\cdots,J)$，$V_j$ 表示维修装置 j 的所占空间的容积，用于保障该装备的维修装备集为 $\boldsymbol{E}=\{E_k\}(k=1,2,\cdots,K)$，场合集 $\boldsymbol{O}=\{O_m\}(m=1,2,\cdots,M)$，$O_m$ 表示第 m 个装备的使用场合，在场合 O_m 下，故障 F_i 的发生故障率为 P_{mi}。

定义 5-1 故障-维修装置关系集 $\boldsymbol{\Omega}=\{\Omega_l \mid \Omega_l=F_i\times B_j\}, l=1,2,\cdots,L$，$F_i\times B_j$ 表示故障 F_i 可由维修装置 B_j 修复。

假设每一个故障仅需一个维修装置进行维修，则有

$$L=I \tag{5.1}$$

引入 0-1 变量 x_{jk}，并令

$$x_{jk}=\begin{cases}1 & (\text{维修部件 } B_j \text{ 配置到维修装备 } E_k)\\ 0 & (\text{维修部件 } B_j \text{ 不配置到维修装备 } E_k)\end{cases} \tag{5.2}$$

则形成指派矩阵 $\boldsymbol{X}_k=(x_{1k},x_{2k},\cdots,x_{Jk})^{\mathrm{T}}$，$\boldsymbol{X}_j=(x_{j1},x_{j2},\cdots,x_{jK})$，$\boldsymbol{X}=(x_{jk})_{J\times K}$。

定义 5-2 维修装备 E_k 在场合 O_m 下所能维修的故障率之和为 U_{mk}。

在给定指派矩阵的情况下，依据式(5.2)及定义 5-1，可知 U_{mk}

$$U_{mk}=\sum_{i=1}^{I}P_{mi}\Big(\sum_{j=1}^{J}x_{jk}Y(F_i\times B_j\in\boldsymbol{\Omega})\Big) \tag{5.3}$$

其中

$$Y(F_i\times B_j\in\boldsymbol{\Omega})=\begin{cases}1 & F_i\times B_j\in\boldsymbol{\Omega}\\ 0 & F_i\times B_j\notin\boldsymbol{\Omega}\end{cases} \tag{5.4}$$

定义 5-3 维修装备的主用场合类型为 O_{m_0}，当且仅当

$$U_{m_0k}=\max_{m}\{U_{mk}\} \tag{5.5}$$

定义 5-4 维修装备 E_k 在主用场合下所能维修的故障率和 P_k

$$P_k=U_{m_0k} \tag{5.6}$$

假设每种维修装备所能容纳维修装置的总容积均为 V_0。

5.2.3 模型建立

指派模型为

$$\max \sum_k P_k$$

$$\text{s.t.}\begin{cases} P_k = U_{m_0k} & \text{(a)} \\ U_{m_0k} = \max_m \{U_{mk}\} & \text{(b)} \\ U_{mk} = \sum (P_{mi}x_{jk} \mid (F_i \times B_j)) & \text{(c)} \\ F_i \times B_j \in \boldsymbol{\Omega} & \text{(d)} \\ \sum_{j=1}^{J} V_j x_{jk} \leqslant V_0 (k = 1,2,\cdots,K) & \text{(e)} \\ \sum_{j=1}^{J} V_j > (K-1)V_0 & \text{(f)} \\ \sum_{k=1}^{K} x_{jk} = 1 (j = 1,2,\cdots,J) & \text{(g)} \\ x_{jk} = 0,1 & \text{(h)} \end{cases} \quad (5.7)$$

式(5.7)的目标函数,表示在维修装置与维修装备的指派中,以各维修装备在主用场合下所能维修的故障率总和最大为目标;式(5.7a)~式(5.7d)表示维修装备在主用场合下所能维修的故障率和的定义;式(5.7e)表示对于每一种维修装备,其所能容纳的维修装置容积之和不大于该维修装备的容积限定值;式(5.7f)表示对于同一类武器装备,其维修装备种类的个数最小;式(5.7g)表示一种维修装备可配置多个维修装置,但某一维修装置只能配置到一种维修装备上,而所有的维修装置均须配置到维修装备上,也即武器装备的所有故障均应有维修装备进行维修;式(5.7h)表示是否将维修装置配置在维修装备上,1 为配置,0 为不配置。

5.3 基于解析方法的维修装备功能划分模型求解

5.3.1 模型简化

式(5.7)中,由于涉及故障模式与维修装置的对应关系,导致指派模型在运算过程中较为复杂。由于对某一故障模式而言,其维修装置通常为一个,即一个故障模式只由一个维修装置来维修,因此可以将指派式(5.7)加以简化。

将故障率按照维修装置求和。假设维修装置 B_j 所能维修的故障模式在场合 O_m 下对应的故障率和为

$$P_{mj} = \sum (P_{mi} \mid F_i \times B_j \in \boldsymbol{\Omega}) \tag{5.8}$$

由 P_{mj} 所形成的矩阵称为维修装置场合故障率矩阵,则有

$$\boldsymbol{P} = (\boldsymbol{P}_m)_J = (P_{mj})_{M\times J} \tag{5.9}$$

式中:$\boldsymbol{P}_m = (P_{m1}, P_{m2}, \cdots, P_{mj}, \cdots), (j = 1, 2, \cdots, J)$。

式(5.7)转换为

$$\max \sum_k P_k$$

$$\text{s. t.} \begin{cases} P_k = \max\limits_m \{\mathbf{P}_m \mathbf{X}_k\} & \text{(a)} \\ \sum\limits_{j=1}^{J} V_j x_{jk} \leqslant V_0 (k = 1, 2, \cdots, K) & \text{(b)} \\ \sum\limits_{j=1}^{J} V_j > (K-1) V_0 & \text{(c)} \\ \sum\limits_{k=1}^{K} x_{jk} = 1 (j = 1, 2, \cdots, J) & \text{(d)} \\ x_{jk} = 0, 1 & \text{(e)} \end{cases} \tag{5.10}$$

在式(5.10)中,通过计算各维修装置的容积和 $\sum\limits_{j=1}^{J} V_j$,并根据式(5.10c),可直接确定维修装备的种类数:

$$K = \left\lceil \sum_{j=1}^{J} V_j \Big/ V_0 \right\rceil \tag{5.11}$$

式中:$\lceil \cdot \rceil$表示向上取整。

由式(5.11)确定维修装备种类数,即可实现对式(5.10)的进一步简化。

1. V_0 足够大的情况

若 V_0 足够大,也就是说所有的维修装置可以全部配置在一个维修装备上。这时,直接判定维修装备种类数为 1,并可根据式(5.3)~式(5.6)确定该装备的主要维修场合。

2. 某一场合故障率均较其他场合大的情况

如果某一场合下所有故障的故障率均较其他场合大,也即表明维修装备无论如何配置,维修装备的主用场合类型均为同一种,此时,维修装置可与维修装备任意配置,式(5.7)将有多个解。

针对上述情况,需要引入新的判别标准对维修装置的指派问题进行判定。由于主用场合均为同一场合,使该场合失去对功能指派的贡献,可以在已知条件中去掉该场合,重新判定主用场合,采用以下方法进行计算。

5.3.2 武器装备使用在两场合情况

若武器装备仅使用在两个场合下,则维修装备的主用场合只可能是两场合之一。

定义 5-5 维修装置 B_j 的主用场合为 O_{m_0},当且仅当

$$P_{m_0 j} = \max_m \{P_{mj}\} \tag{5.12}$$

若先不考虑容积,则式(5.10)可简化为

$$\max \sum_k P_k$$

$$\text{s.t.} \begin{cases} P_k = \max\limits_m \{\mathbf{P}_m \mathbf{X}_k^T\} & \text{(a)} \\ \sum\limits_{k=1}^{K} x_{jk} = 1 & \text{(b)} \\ x_{jk} = 0,1 & \text{(c)} \end{cases} \tag{5.13}$$

定理:

$$\max\left\{\sum_k P_k\right\} = \sum_j \max_m \{P_{mj}\} \tag{5.14}$$

证明:

$$\max\left\{\sum_k P_k\right\} = \max\left\{\sum_k \left(\max_m \{\mathbf{P}_m \mathbf{X}_k^T\}\right)\right\} = \max\left\{\sum_k \left(\max_m \{(P_{mj})_J \mathbf{X}_k^T\}\right)\right\}$$

由式(5.13b)及式(5.13c),可知

$$\max\left\{\sum_k P_k\right\} \leqslant \sum_j \max_m \{P_{mj}\} \tag{5.15}$$

另一方面,对于任意维修装置 B_j,将其指派到以该维修装置为主用场合的维修装备上,有

$$\sum_k P_k = \sum_j P_{m_0 j} \tag{5.16}$$

由式(5.12),得

$$\sum_k P_k = \sum_j \max_m \{P_{mj}\} \tag{5.17}$$

由式(5.15)及式(5.17),证毕。

由定理可知,依据维修装置的主用场合进行维修装置到维修装备的功能分配,即可得到式(5.13)的最优解。由此可知,在解决武器装备使用在两场合情况问题时,在配置两个维修装备的情况下,先期可直接使用维修装置的主用场合指派到相应的维修装备中,因此,本小节称上述定理为初值定理。

在进行维修装置初步划分的基础上,再考虑维修装备的容积限制,进行进一

步的优化研究。

定义 5-6 在两场合情况下,维修装置 B_j 的场合故障率差 Δ_j 表示维修装置 B_j 在主用场合下的故障率和 $P_{m_0 j}$ 与 B_j 在非主用场合的故障率和 $P_{m_0' j}$ 之差。即

$$\Delta_j = P_{m_0 j} - P_{m_0' j} \tag{5.18}$$

定义 5-7 维修装置的场合故障率差-容积梯度 τ_j,为维修装置 B_j 的场合故障率差 Δ_j 与维修装置的容积 V_j 的比值。即

$$\tau_j = \Delta_j / V_j \tag{5.19}$$

在运用初值定理进行维修装置划分的基础上,如果一个维修装备中的维修装置容积和超过维修装备的容积限制,同时另一个维修装备中的维修装置容积和小于维修装备容积限制,则需要进行维修装置的重新分配。在该过程中,由定义 5-7 可知,如果不考虑容积的离散特性,按照维修装置的场合故障率差-容积梯度 τ_j 由小到大的顺序进行重新指派,可使式(5.10)得到最优解;而考虑到维修装置容积为离散数值,应结合维修装置的场合故障率差-容积梯度 τ_j 和场合故障率差 Δ_j 二者数值,及满足条件的维修装置组合进行重新指派,从而得到式(5.10)的最优解。

5.3.3 两维修装备多场合情况

1. 求解步骤

针对一般情况,给出以下的步骤。

步骤 1:将多场合进行两两匹配;

步骤 2:针对每个场合匹配结果,运用初值定理及指派修正过程,得到该场合匹配的最大故障率和 P_k,并记录;

步骤 3:重复上述步骤,并将最大故障率和 P_k 及指派方案进行记录替换;

步骤 4:当步骤 1 生成的所有场合匹配结果均生成后,所得到的最终 P_k 及其对应的指派方案,即为最优解。

2. 示例分析

假设某类武器装备主要在平时湿热环境、平时高原高寒环境和战时三种场合下工作,分别称为场合 1、场合 2 和场合 3,主要故障有 30 个,对应故障率统计情况及维修装置如表 5-3 所列。维修装备所能容纳的最大体积 $V_0 = 4\text{m}^3$,各维修装置的占用体积如表 5-4 所列。

将表 5-3 中的故障率按照维修装置分场合汇总计算,得到表 5-5。

由于是三种场合,场合两两匹配结果为:场合 1 和场合 3;场合 1 和场合 2;场合 2 和场合 3 共三种。

表 5-3　武器装备故障率及所用维修装置表

故障编号	故障率（×10^{-3}）			维修装置编号	故障编号	故障率（×10^{-3}）			维修装置编号
	场合1	场合2	场合3			场合1	场合2	场合3	
1	2	9	3	1	16	9	23	2	9
2	1	9	4	1	17	1	2	6	9
3	3	0	5	2	18	4	0	4	10
4	4	0	4	2	19	5	0	2	10
5	1	0	3	3	20	2	0	1	10
6	2	0	6	3	21	5	0	1	11
7	3	0	5	3	22	7	0	2	11
8	2	0	6	4	23	12	0	4	12
9	1	0	7	4	24	1	0	2	12
10	4	0	4	5	25	3	0	1	13
11	5	0	3	5	26	2	0	4	13
12	1	5	0	6	27	0	5	1	14
13	1	3	0	7	28	0	6	1	14
14	3	2	0	8	29	0	4	2	14
15	4	1	0	8	30	0	3	2	14

表 5-4　维修装置体积表　　　　（m^3）

编号	体积	编号	体积	编号	体积
1	0.8	6	0.1	11	0.7
2	0.6	7	0.2	12	0.4
3	1.5	8	0.05	13	0.2
4	1	9	0.6	14	0.7
5	0.3	10	0.2		

表 5-5　按照维修装置汇总后的故障率

维修装置编号	故障率/（×10^{-3}）			维修装置编号	故障率/（×10^{-3}）		
	场合1	场合2	场合3		场合1	场合2	场合3
1	3	18	7	8	7	3	0
2	7	0	9	9	10	25	8
3	6	0	14	10	11	0	7
4	3	0	13	11	12	0	3
5	9	0	7	12	13	0	6
6	1	5	0	13	5	0	5
7	1	3	0	14	0	18	6

（1）场合 1 和场合 3 情况。运用上述数据建立指派模型后，利用初值定理和指派修正过程，求解可得最优指派方案：第一种维修装备的主用场合为场合1，配置的维修装置包括：2、5、6、7、8、9、10、11、12、13；第二种维修装备的主用场合为场合 3，配置的维修装置包括：1、3、4、14。采用上述方案后，两种维修装备的主用场合故障率总和为 0.116。

（2）场合 1 和场合 2 情况。第一种维修装备的主用场合为场合 2，配置的维修装置包括：1、4、6、7、9、14；第二种维修装备的主用场合为场合 1，配置的维修装置包括：2、3、5、8、10、11、12、13。采用上述方案后，两种维修装备的主用场合故障率总和为 0.139。

（3）场合 2 和场合 3 情况。第一种维修装备的主用场合为场合 2，配置的维修装置包括：1、6、7、8、9、11、13、14；第二种维修装备的主用场合为场合 3，配置的维修装置包括：2、3、4、5、10、12。采用上述方案后，两种维修装备的主用场合故障率总和为 0.136。

通过比较可得，最优场合匹配结果为场合 1 和场合 2，配置方案为{1，4，6，7，9，14}和{2，3，5，8，10，11，12，13}，主用场合下所能维修的故障率总和最大为 0.139。

通过研究，可以得到以下基本结论。

（1）基于维修场合对维修装置进行划分，能够在较大程度上达成维修装备的集中使用，从新的角度实现维修装备功能规划。

（2）以维修装置的主用场合为条件进行维修装备功能划分，可以得到不考虑容积限制的维修装备最优划分方案。

（3）按照维修装置的场合故障率差-容积梯度 τ_j 最小优先，考虑容积离散情况下的场合故障率差 Δ_j，对维修装置进行重新指派，可得到考虑容积限制情况下的维修装备最优划分方案。

（4）两维修装备多场合情况，可以转换成多个两维修装备两场合情况。

上述方法可以有效解决两装备情况，对于多装备情况，可采用智能算法进行求解。

5.4 基于遗传算法的维修装备功能划分模型求解

遗传算法（Genetic Algorithm，GA）是以自然选择和遗传理论为基础，将生物进化过程中适者生存规则与群体内部染色体随机信息交换机制相结合的高效全局寻优搜索算法。

其基本思想为：由一定数量初始解组成的初始群体，并对初始群体进行编码，编码的实质是建立优化问题的实际表示与遗传算法的基因编码表示之间的关系。初始群体产生以后，按照自然选择和适者生存的原理，逐步进化产生出越来越好的群体。在进化过程中的每一代，根据个体的适应度大小挑选个体，并借助自然遗传算子进行交叉和变异操作，产生出代表新的解集的种群。这个过程将导致种群像自然进化一样产生的后代种群比前代更加适应于环境，末代个体经过解码，可以作为问题的近似最优解。

5.4.1 遗传算法的基本步骤

遗传算法的一般步骤如下。

步骤 1：编码并产生随机一定数目的初始种群；

步骤 2：计算个体的适应度值，并判断是否满足优化准则，若是，则表示最优个体为优化问题的最优解，结束计算；否则转步骤 3；

步骤 3：依据适应度选择再生个体，适应度高的个体被选中的概率高，适应度低的个体被淘汰；

步骤 4：按照一定的交叉概率和交叉方法，生成新的个体；

步骤 5：按照一定的变异概率和变异方法，生成新的个体；

步骤 6：由交叉和变异产生新一代的种群，返回到步骤 2。

遗传算法中的优化准则，一般根据不同的问题确定不同的准则，可以采用以下准则之一作为判断条件：

(1) 种群中个体的最大适应度超过预先设定值；

(2) 种群中个体的平均适应度超过预先设定值；

(3) 遗传代数超过预先设定值。

5.4.2 编码及适应度函数

1. 编码

由模型可知，维修装备的维修装置配置，可以用维修装置所配置的维修装备号码形成的序列来表示。

由式(5.11)可得到维修装备的数量，设为 M，则配置方案可以用下面编码来表示：

$$\mathbf{G} = (G_1, G_2, \cdots, G_j, \cdots, G_J) \tag{5.20}$$

式中：G_j 为 $1,2,\cdots,M$ 之一。

由于遗传算法需要将染色体用 0 和 1 表示，可将式(5.20)中的 G_j 变成二进制。

2. 适应度函数 fitness

适应度函数是表征个体"好""坏"的数,由模型(5.10)可知,最佳功能划分是一个极大值。为了得到适应度的有意义的描述,首先确定最优情况下的 $\max\left\{\sum_k P_k\right\}$ 。

由式(5.14),可设置适应度函数为

$$y = \text{fitness}(\mathbf{G}) = \begin{cases} 1 & \left(\sum_{j=1}^{J} V_j x_{jk} > V_0\right) \\ 1 - \dfrac{\sum_k P_k}{\max\left\{\sum_k P_k\right\}} & (\text{其他}) \end{cases} \tag{5.21}$$

式中: $\mathbf{G} = (G_1, G_2, \cdots, G_j, \cdots, G_J)$, G_j 为 $1,2,\cdots,M$ 之一,表示第 j 个维修装置配置到维修装备 G_j 上, P_k 为在 $\mathbf{G}$ 配置条件下第 k 个维修装备在主用场合下所能维修的故障概率和 $(j = 1,2,\cdots,J;k = 1,2,\cdots,K)$ 。

3. 产生初始种群

根据编码公式(5.20),可通过在 $1,2,\cdots,M$ 中随机抽样 J 次产生一个初始个体;通过抽取一定的初始个体数量,可以得到初始种群。考虑到这种抽样方式可能导致产生的初始个体不是模型(5.10)的可行解,因此,应比经典问题中的初始种群样本数大一些。根据研究者本人的体会,初始种群数应不低于 $20J$ 。

5.4.3 遗传操作

根据本模型特点,遗传算法主要包括选择、基因重组和变异三个步骤。

1. 选择

选择操作主要用来确定参与产生子代的个体。其主要方法有:轮盘赌选择(Proportional Fitness Assignment)、随机遍历抽样(Stochastic Universal Sampling)、局部选择(Local Selection)、截断选择(Truncation Selection)、锦标赛选择(Tournament Selection)等。在进行维修装备功能规划遗传算法的选择模式比较时,既要避免形成局部最优解,又要考虑形成的个体要遍布整个样本空间,因此,采用轮盘赌选择方式较为恰当。

2. 基因重组

基因重组主要有实值重组(Real Valued Recombination)和二进制交叉(Binary Valued Crossover)两种。实值重组又分为离散重组(Discrete Recombination)、中间重组(Intermediate Recombination)、线性重组(Linear Recombination)

和扩展线性重组（Extended Linear Recombination）四种；二进制交叉又分为单点交叉（Single-point Crossover）、多点交叉（Multiple-point Crossover）、均匀交叉（Uniform Crossover）、洗牌交叉（Shuffle Crossover）和缩小代理交叉（Crossover with Reduced Surrogate）。根据维修装备功能规划问题的特点，使用单点交叉往往会导致可行解变成不可行解，因此，宜采用多点交叉方式。

3. 变异

变异主要有实值变异和二进制变异两种算法。由于功能划分问题属于离散问题，应采用二进制变异方式。

5.4.4 典型案例分析

某武器装备主要使用在 7 种场合下，常见故障有 100 个，经过合计，得到维修装置及其不同场合的故障率和，如表 5-6 所列，并设维修装备所能容纳的最大体积 $V_0=4\text{m}^3$。

表 5-6 维修装置及其所修故障不同场合概率表

维修部件编号	部件体积/m^3	故障率/($\times10^{-3}$)							维修部件编号	部件体积/m^3	故障率/($\times10^{-3}$)						
		场合1	场合2	场合3	场合5	场合5	场合6	场合7			场合1	场合2	场合3	场合5	场合5	场合6	场合7
1	0.4	21	19	0	4	6	14	6	21	0.1	2	5	2	0	26	33	26
2	0.6	24	9	0	11	0	4	0	22	0.7	4	1	4	3	0	0	0
3	0.5	6	7	1	12	2	0	2	23	0.1	14	3	0	2	10	3	10
4	0.1	16	11	0	22	12	3	12	24	1.2	6	2	4	1	2	0	2
5	0.3	3	0	0	0	0	2	0	25	0.4	12	10	7	0	3	11	3
6	0.3	9	12	0	8	3	0	3	26	1.3	9	0	0	8	2	6	2
7	0.4	0	3	0	3	2	2	2	27	0.3	17	0	0	2	0	2	0
8	0.9	19	7	2	2	7	21	7	28	1	0	1	11	2	3	0	3
9	0.4	0	0	11	0	15	12	15	29	1.4	8	6	3	0	0	1	0
10	0.2	7	2	4	4	0	2	0	30	0.2	7	2	1	5	4	0	4
11	0.5	27	4	0	7	2	8	2	31	0.2	1	6	4	1	11	2	11
12	0.1	1	1	14	12	27	12	27	32	0.3	20	4	32	38	9	7	9
13	0.1	0	0	20	18	2	7	2	33	0.7	0	12	2	11	0	4	0
14	0.6	2	0	0	14	4	0	4	34	0.8	10	0	5	20	0	0	0
15	0.3	20	6	2	6	0	30	0	35	0.1	0	0	9	0	3	0	3
16	0.2	1	0	0	28	5	0	5	36	1.1	7	14	22	2	5	0	5
17	0.5	2	2	14	0	0	14	0	37	0.5	5	7	1	6	6	6	6
18	0.8	0	25	9	1	6	7	6	38	1	0	3	10	5	3	28	3
19	0.5	2	0	18	12	0	2	0	39	1.1	18	16	0	12	5	4	5
20	0.2	15	10	0	1	12	6	12	40	1.4	3	10	3	2	1	2	1

采用 Matlab 中的 Optimization Tool 工具中的 ga-Genetic Algorithm 工具进行计算。由于是 40 个维修装置,取 Number of Variables 为 40;Population type 取 double vector;Population size 取 4000;经过计算,所有体积和为 21. 8,因此需要使用 6 个底盘,specify 取[1;6];Scaling function 取 Rank;Selection function 选 Roulette;mutation 取 Uniform,Specify 取 0. 02;crossover 取 two point,经过 200 代遗传运算得到满意解,运行过程如图 5-2 所示。

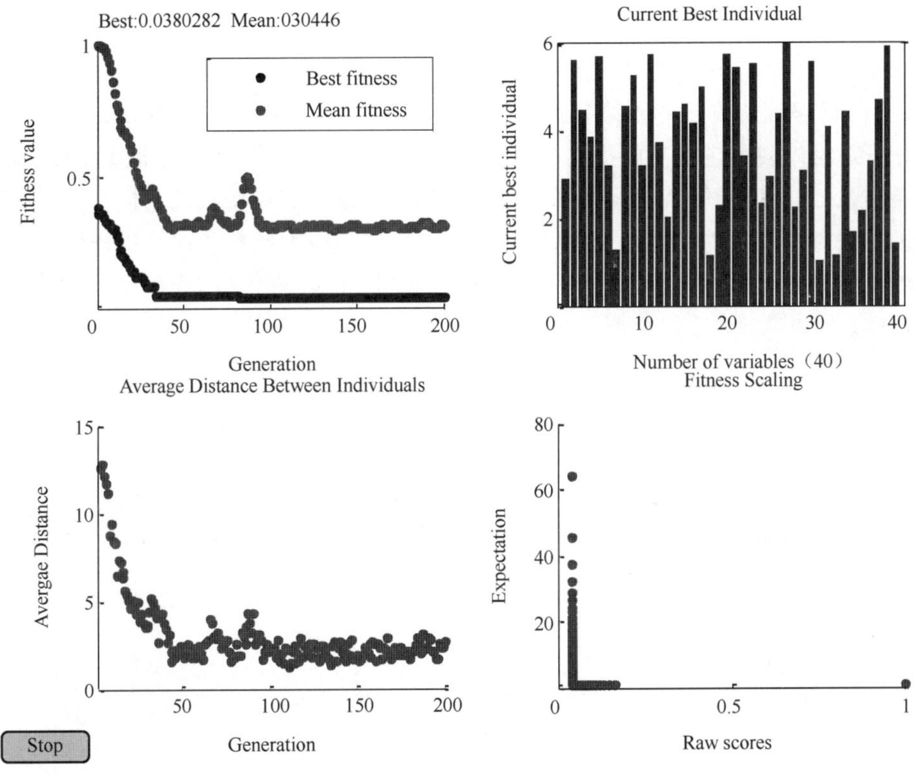

图 5-2 运行过程图

最终,编号为 1~40 的维修装置配置的维修装备号分别为 3,6,4,4,6,3,1,5,5,3,6,4,2,4,5,4,5,1,2,6,5,3,6,2,3,4,6,2,3,6,1,4,1,4,2,2,3,5,6,1。进一步可得编号为 1~6 的维修装备的主用场合及对应概率值分别为场合 2(0. 056),场合 3(0. 084),场合 5(0. 126),场合 4(0. 154),场合 6(0. 138),场合 1(0. 125)。主用场合概率和为 0. 683,主用场合概率和最大可能值为 0. 710,效用函数值为 $1-\frac{0.683}{0.710}=0.03803$。

通过研究,可以得到以下基本结论。

(1) 基于维修场合对维修装置进行划分,能够在较大程度上达成维修装备的集中使用,从而实现维修装备发展的优化;

(2) 运用遗传算法,可快速有效进行维修功能划分,有利于考虑多种功能划分因素,提高维修装备的整体规划水平;

(3) 在运用 Matlab 工具进行模型求解时,根据研究问题选用适当的遗传操作,可大大提高模型求解的效率和结果的最优性。

维修装备需要适应武器装备发展需要而不断改进,是陆军装备保障转型的物质基础。本章从维修装置的功能体系建立出发,对通过维修装置组合开发的“平台+适配器”方式的维修装备功能规划问题进行了系统研究:首先,基于装备分析对维修装置进行功能提出,运用功能特征进行聚类分析得到维修装置的功能体系;进而以维修装备运用场合为基础建立了维修装备功能划分模型;运用解析方法对两装备情况进行了解析求解;通过建立适应度函数和遗传操作研究,运用遗传算法对多装备情况进行了求解,并进行了示例分析,表明了算法的有效性。

第6章　陆军装备保障转型路线图生成模型

路线图作为一种新型、实用的战略管理方法和工具越来越受到高度重视，在战略规划、技术路线和项目管理领域中发挥着越来越重要的作用。尽管目前路线图研究较多，但主要集中于图形表示上，对路线图制定技术研究还不够成熟。本章针对陆军装备保障转型的路线图制定问题展开研究，主要包括路线图中的项目确定、时间确定和路线图编排等问题，并以型谱化火炮保障转型路线图制定为例进行示例研究，以期为陆军装备保障转型路线图制定提供支持。

6.1　路线图制定内容研究

路线图是一种先进的规划计划方法和管理工具，主要用于对现实起点和预期目标之间的发展方向、发展途径、关键事项、时间进程及资源配置进行科学设计和控制，主要采用图表的方法进行形象表达。其要义是围绕目标任务，强调需求牵引，选择发展路径，明确时间节点，对建设发展做出科学规划。

尽管路线图内容要求较多，但其核心内容主要包括两部分：一是任务内容体系；二是任务时间体系。任务内容体系是指从发展总目标出发，逐层分解到具体可操作的任务所形成的任务体系。任务时间体系是任务体系对应的时间安排。由此可见，路线图制定主要包括以下三部分内容。

1）路线图项目分解

路线图项目分解是在转型活动分析的基础上，对转型活动进行进一步梳理的过程。路线图是为目标服务的，其内容需要有目标指向性。因此在路线图的制定上，需要将转型活动按照一定的方式进行分解组合，并根据需要进行必要的组织，为路线图制定奠定基础。

2）项目消耗时间预测

进行项目规划离不开对项目时间的预测，项目消耗时间预测就是对项目工作量进行评估，得到较为准确的消耗时间。

3）项目时间规划

在明确项目及其消耗时间的基础上，分析项目的逻辑顺序，并对项目开展规划设计,为项目的实施提供支持。

下面将对上述三方面内容展开研究。

6.2 基于目标需求链的路线图项目确定技术研究

6.2.1 基于目标需求链的项目确定程序

目标需求链是以目标为中心,通过目标找到需求,并以进一步的需求为中心,找到进一步的需求,并最终形成支撑目标实现的项目。基于目标需求链,并根据前面方法形成的各项转型活动,可以最终得到具体可执行的转型项目。基于目标需求链的路线图项目分解主要包括以下步骤。

1. 陆军装备保障转型路线图目标分析

陆军装备保障转型路线图目标是在转型目标分析的基础上,通过建立阶段目标和最终目标并加以分析得到。

2. 路线图分目标分析

在分析路线图目标的基础上,对目标进行分解,得到不同方面的目标。在3.2节中,陆军装备保障转型路线图分目标确定为四个方面,即:保障力量综合集成、保障行动全程可控、保障模式主动超前、保障标准统一规范。

3. 活动-目标分类

在利用第4章介绍的方法得到可能施行的转型活动的基础上,按照转型活动支撑的分目标进行分类,为转型活动必要性进行分析。

4. 活动必要性分析

第4章提供了可能的转型活动,但转型的相应活动是否予以开展,需要对其必要性进行分析。其研究方法将在6.2.2小节中进行。

5. 活动确定

根据活动必要性分析结果,并考虑当前转型中的资源等限制条件,最终确定实施的活动。

在活动确定过程中,只要明确活动必要性,即可根据限制条件,按照必要性由大到小逐次选取,因此,活动必要性评价成为活动确定的基础。

6.2.2 项目必要性评价指标

项目生成后,需要对项目必要性进行评价,以确认项目实施价值,因此,需要对项目必要性评价指标进行评估。以项目必要性为目标,建立项目必要性评价指标,如图6-1所示。转型项目必要性评价指标体系包括重要性和可行性两个方面。重要性包括对目标能力的重要度、与目标的关联性、对能力提升的敏感度、所服务装备重要程度；可行性包括意义重大程度、研究内容的合理性、技术方案可行性、关键技术合理性、经费合理性以及技术先进性等。

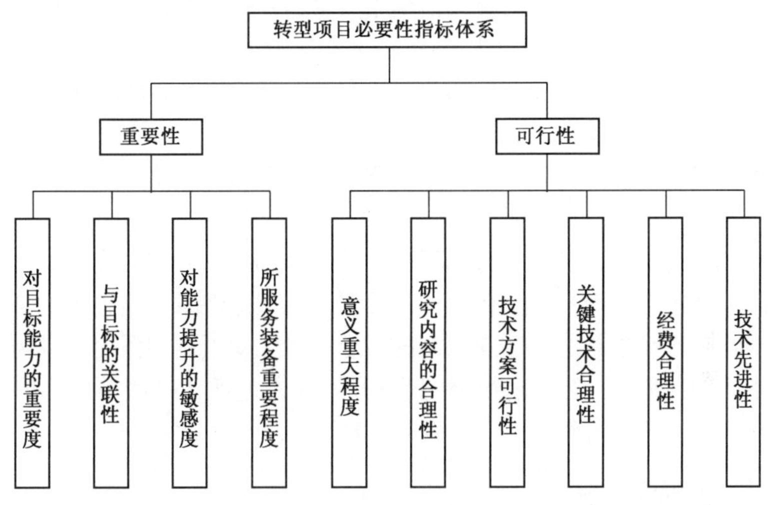

图 6-1　活动必要性指标

根据转型项目必要性评价指标对所列项目进行分类评级，可以将项目分成必要型、积极拓展型、资金限制型和探索型等，根据情况确认项目是否进行的评估。

6.3　项目消耗时间预测技术研究

项目消耗时间预测是制定路线图的基础，没有科学的预测就没有科学的路线图。常见的预测方法有马尔可夫预测方法、专家会议法、德尔菲法、头脑风暴法、情景分析法等。

6.3.1　定性预测方法

1. 德尔菲法

德尔菲法是利用专家的知识、经验、智慧等无法数量化的带有很大模糊性的信息，通过通信的方式进行信息交换，逐步地取得较一致的意见，达到预测的目的。德尔菲法是美国兰德公司在 20 世纪 50 年代创立的一种预测方法，是在专家个人判断和专家会议方法的基础上发展起来的一种新型直观预测方法。通过发函给有关专家进行反复征询，每次征询后都对专家的意见进行统计处理并匿名反馈给各个专家，以求专家重新考虑自己的见解并对原来的意见进行修正，这样反复几次便会使专家意见逐步趋向一致。

2. 情景分析法

情景分析法是在对局势的重大演变中，提出各种关键假设的基础上，通过对未来详细、严密地推理和描述来构想各种可能的方案。其最大优势是使决策者发现未来变化的某些趋势和避免两个最常见的决策错误，即过高或过低估计未来的变化及其影响。

一个情景一般包括结束状态、策略、驱动力和逻辑四个要素。每个要素都可以有多个方式发展，并且这些要素间的相互关联形成了三种不同类型的竞争情景：①即时情景。这种类型由分析竞争者当前策略为起始，探讨如果竞争者改变他现在的策略将会出现什么变化。②不受限制的假定情景。这种类型来自开放式结局或者是不受限制的。③受限制的假定情景。受限制的假定情景需要构想出完全不同的计划，这些计划允许情景设计者深入地评估一些迥然不同的竞争者的行动和行动造成的结果。

6.3.2 定量预测方法

预测的核心是建立符合实际的预测模型，目前常用的故障/寿命预测方法主要有以下几种。

1. 曲线拟合

曲线拟合是一种最简单的预测模型。将历史数据通过回归分析，应用最小二乘法或其他数学方法，拟合出与历史数据最符合的曲线，通过曲线外推的方法进行预测。这种方法原理简单，实施方便，常用于一些简单装置的监控系统中，但该方法预测误差通常较大。

2. 神经网络模型

使用神经网络进行故障预测是当前应用较多的方法。神经网络具有极强的非线性映射能力、对噪声不敏感等众多优点，在模式识别、故障诊断等领域得到广泛应用，也受到了故障预测技术研究人员的重视。使用神经网络进行故障预测，必须首先使用已有的数据对神经网络进行训练，充分训练的神经网络对已有的数据序列有较高的拟合精度。另外，实际使用的神经网络的结构也可能需要由经验确定。

3. 模糊模型

模糊模型是除人工神经网络模型之外的又一种重要的非线性映射模型。在模糊故障预测中，模糊知识的表示方法借用故障-症状之间的隶属关系，建立相应的模糊关系矩阵。这一过程也就是利用模糊集合理论与模糊逻辑关系，根据系统输入与输出数据辨识系统模糊模型的过程。模糊模型在处理复杂系统的大时滞、时变及非线性方面,显示出它的优越性。近年来,随着模糊理论的深入研究,模糊模型在故障预测中得到越来越多的应用。模糊模型的最大特点是其模糊规则库可以直接利用专家知识构造,因而能够充分利用、有效处理专家的语言知识和经验,而且一个适当设计的模糊逻辑系统可以在任意精度上逼近某个给定的非线性函数。

4. 灰色模型

灰色模型预测的基础是灰色系统理论。部分信息已知、部分信息未知的系统称为灰色系统。由于相关信息不充分、欠完整、不确定的系统大量存在,使得灰色模型预测在农业、气象、经济、交通工业等领域获得了成功的应用。影响机械设备工作状况的因素很多,其中既有确定性因素,又有非确定性因素,即"灰色",因此,灰色模型适用于机械故障预测。GM(1,1)(Grey Model)模型是目前最常用的灰色预测模型,它通过一个变量的一阶微分方程揭示数列的发展规律。实践表明,GM(1,1)模型及其多种改进的模型在机械故障预测中具有良好的应用。

5. 时间序列模型

根据产品、设备或系统当前和过去的状态数据,利用经典时序分析方法(如自回归滑动平均模型 ARMA、自回归模型 AR 等)对未来的状态进行预测,利用状态的预测结果判断是否有故障要发生。利用该方法进行故障预测首先应根据状态的历史数据完成时序模型的结构辨识和参数辨识,模型的正确辨识是实现故障预测的前提。基于经典时序分析的方法适用于平稳时间序列的预测。

6. 基于案例的方法

当同一产品、设备具备多个维护周期的大量历史数据,且各周期的状态数据具有一定的相似性时,可以将历史数据同设备当前状态进行比较,并提取特征,从而达到故障预测的目的,这种方法称为基于案例的故障预测方法。基于案例的故障预测方法简单实用,在设备工作环境相同的情况下,预测结果有较高精度。但它要求有大量的设备状态历史数据,并且各维护周期中设备的性能退化和故障发展过程具有相似性,这些都限制了该方法的使用范围。

7. 基于小波分析的方法

小波分析是在傅里叶分解的基础上提出的,它非常适合检测信号的突变。小波分析不但在故障诊断领域中广泛应用,在故障预测技术的研究中也受到人们的重视。

8. 基于贝叶斯网络的方法

贝叶斯网络是图论与概率论的结合,是目前不确定知识和推理领域最有效的理论模型之一。通过专家经验判断和资料分析总结,确定系统的主要影响因素,并用图形结构描述这些因素之间的定性与定量关系,就构建了一个贝叶斯网络的框架。贝叶斯网络可以通过结构学习和参数学习训练不断修正,并且当新信息进入能够更新网络,最后根据建立好的贝叶斯网络模型和已知证据进行推断,来预测某一事件节点发生的概率。贝叶斯网络适合于对领域知识有一定了解的情况,至少对变量间的依赖关系要比较清楚。

9. 基于粗糙集的方法

粗糙(Rough)集理论最先由波兰学者 Pawlak 提出,是一种处理不确定知识的重要工具。在知识发现领域,应用粗糙集理论能够有效地产生判别规则和特征规则。近年来,粗糙集理论在数据挖掘、机器学习和故障诊断等许多领域得到广泛的应用。

10. 支持向量机

支持向量机(Support Vector Machine, SVM)是20世纪90年代迅速发展起来的一种基于统计学习理论的机器学习算法,在小样本、非线性、高维问题及泛化能力方面表现突出。SVM 在形式上类似多层向前神经网络,能自动解决网络结构问题,引申出的支持向量回归(Support Vector Regression, SVR)可用于预测。SVM 的核心思想是通过引入非线性映射函数,将原始模式空间映射到更高维的特征空间,在特征空间中构造最优分类超平面,并将低维空间中的非线性问题转化为高维空间中的线性问题。SVM 的训练等价于求解一个二次规划问题,任意解均为全局最优解,不存在局部极值问题。由于机械故障具有时变、非线性、随机性的特点,因而支持向量机在机械故障预测中有很好的应用前景。

11. 卡尔曼滤波

卡尔曼滤波是一种从受噪声干扰的观测信号中,对被观测系统的状态进行统计估值的方法,由于它同时得到系统的预报方程,因此在预报领域也得到大量的应用。卡尔曼滤波器以线性、无偏、最小方差为准则递推估值,是一种最佳线性估计器,具有较好的关于模型不确定性的鲁棒性,以及极强的关于突变状态的跟踪能力。采用卡尔曼滤波器对测量数据进行处理,可以在基本上不增加计算量的情况下明显地提高辨识精度,与其他方法相比,具有计算量小、预报精度高的特点。卡尔曼滤波器也有其局限性,只能用于线性系统。虽然扩展的卡尔曼滤波器能用到非线性系统中,但它关于模型不确定性的鲁棒性很差,而且在系统达到平稳状态时,将丧失对突变状态的跟踪能力。

12. 马尔可夫方法

马尔可夫链预测法其实是一种概率预测法,它是根据预测对象各状态之间的转移概率来预测事故未来的发展,转移概率反映了各种随机因素的影响程度和各状态之间的内在规律。因此该模型可以用于随机波动性较大的问题。但是,预测的关键在于转移概率矩阵的可靠性,因此该预测模型要求大量的统计数据,才能保证预测精度。

6.3.3 预测技术的难点

预测技术是一个非常困难且具有挑战性的技术领域,表现在以下几个方面。

(1) 预测不确定性。不确定性是故障预测的固有属性。这种不确定性主要来源于两个方面:一方面是对象故障机理本身就是一个随机过程;另一方面是预测过程本身产生的误差。因此,需要使用概率估计方法进行故障预测。预测方法必须考虑准确度、精密度和置信度之间的内在关系,以不确定度的形式给出预测结果。

(2) 预测缺乏通用的方法。故障预测方法已经在很多专门的系统中得以开发应用,但由于对物理模型和专家经验的依赖,这些预测方法往往是量体裁衣的。因此缺乏一种整体的预测框架,用于综合不同预测技术获得的信息并加以利用。

(3) 对象数据获取困难。预测算法的开发和验证工作都离不开大量对象系统数据的支持,这些数据来源主要有以下三类:一是实际的工况数据。该类数据可以涵盖已知对象的各种工况、负载和环境因素,数据真实可靠;但同时也存在对对象故障特征空间的信息描述不完全,数据含有大量未知噪声的缺点;并且该类数据获取的代价通常十分高昂。二是故障注入或加速实验数据。该类数据对对象故障特征演化通常是在已知的预设条件下实现,数据的真实性可以在一定程度上得到保证;它的问题是实验数据通常不能完全描述对象实际的故障演化过程,数据的适用性和真实性受到一定的限制。三是模型仿真数据。该类数据可以按照算法的开发和验证的需求进行定制;但是其数据真实性通常无法保证,而且建立一个可靠的对象仿真模型的代价也十分高昂。

(4) 预测验证困难。为了保证设计出的预测系统能够达到预期的目的,需要对其进行验证。预测技术的验证之所以困难,一方面是因为缺乏对对象系统的充分了解(缺乏对象系统的数据和模型);另一方面是由于缺乏统一获得广泛认可的预测方法的评价标准。

6.4 基于推拉结合的项目时间规划技术研究

随着生产力的发展,现代集成制造系统(Contemporary Integrated Manufacturing

System,CIMS)应运而生,其中生产管理与控制技术包括制造资源计划(Manufacture Resource Planning,MRP Ⅱ)、准时化生产(Just in Time,JIT)和约束理论(Theory of Constraints,TOC)等,将其引入路线图的计划制定中,具有一定的意义。

6.4.1 主要生产管理与控制技术

1. 基于 MRP Ⅱ 的生产计划与控制

MRP Ⅱ 起源于美国,根植于批量生产方式,强调计划推动、资源的合理利用以及物料需求规划及计算机系统的整合。MRP Ⅱ 编制计划的思想是:按预先制定的提前期,用无限能力排产法编制作业计划。图 6-2 是 MRP Ⅱ 生产管理技术编制工序计划的示意图。MRP Ⅱ 的优势在于其中长期计划能力,注重前期规划,用尽可能周密的计划集中安排各环节的人、物等资源以及生产加工,以应对生产的不确定性。

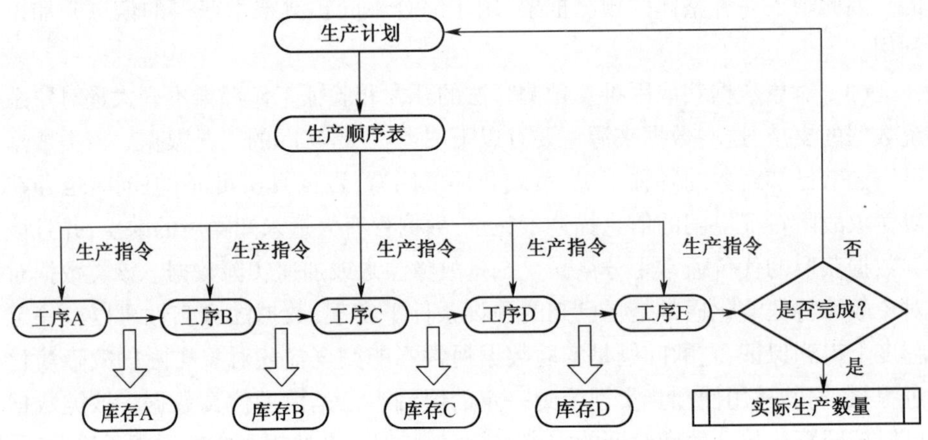

图 6-2 MRP Ⅱ 编制工序计划的示意图

2. 基于 JIT 的生产计划与控制

JIT 起源于日本,根植于重复性生产方式,强调需求牵引、相互合作以及消除浪费和减少成本,注重现场改善。

JIT 编制计划的思想是:采用看板管理方式,按照无限能力排产法,逐道工序地倒序传递生产中的取货指令和生产指令,各级生产单元依据上级所需组织生产进行物料补充。图 6-3 是 JIT 生产管理技术编制工序计划的示意图。

3. 基于 TOC 的计划管理与控制

TOC 起源于以色列,根植于离散型生产方式。TOC 发展于 OPT(原指最优

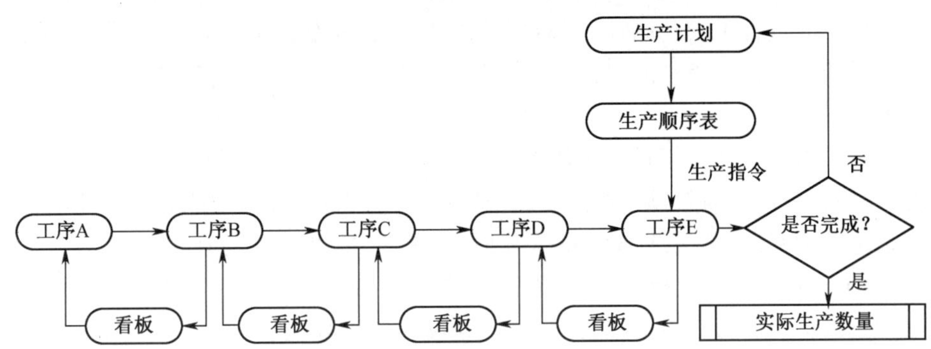

图 6-3　JIT 编制工序计划的示意图

生产时刻表: Optimized Production Timetables,后指最优生产技术:Optimized Production Technology),但又超越了 OPT。TOC 是使瓶颈产能最大化从而使系统产销率最大化的生产管理与控制方法,同时也是辨识系统核心问题并持续提升系统限制的管理哲学。TOC 注重系统的瓶颈,强调瓶颈的持续改善和产销率的最大化。它摒弃一味消减成本的做法,允许合理库存(Inventory,I)和运行费用(Operating Expenses, OE)的存在,以求企业产销率(Throughput, T)的最大化。TOC 编制计划的思想是:考虑计划期内的系统资源约束,先用有限能力排产法安排瓶颈加工工序的生产作业进度计划,再以瓶颈工序为基准,把瓶颈工序之前、之间、之后的工序分别按拉动、工艺顺序、推动的方式排定,并进行一定优化,最后设置缓冲、绳子等,使非瓶颈的作业计划与瓶颈资源上的工序同步,最后打破系统约束,如此周而复始。图 6-4 是 TOC 生产管理技术编制工序计划的示意图。

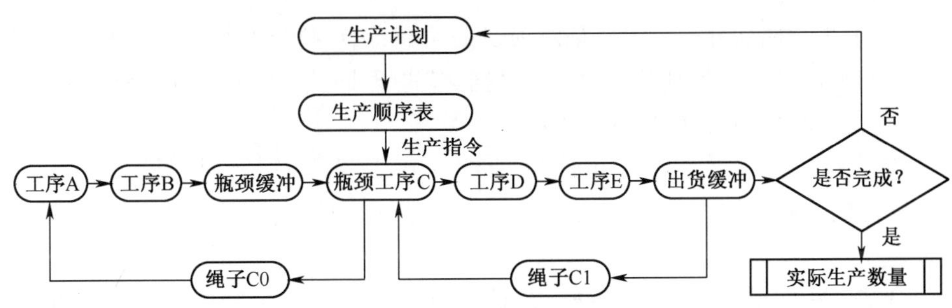

图 6-4　TOC 编制工序计划的示意图

4. MRPⅡ、TOC、JIT 三者的定位分析

MRPⅡ适合于宏观调控和长期规划,在系统级发挥着很好的作用,但是其对子系统级别控制相对薄弱,且其计划与控制相分离,因此,把 MRPⅡ 定位在系统级。

TOC 擅长于能力管理和现场控制,专注于资源安排,通过瓶颈识别、瓶颈调度,并使其余环节与瓶颈生产同步,保证物流平衡,寻求需求和能力的最佳结合,使系统产销率最大,这是 TOC 的优势所在,因此,把 TOC 定位在子系统级。

JIT 擅长于计划执行和成本降低,在降低在制品水平、减少浪费、现场改善等方面具有明显的优势,因此,把 JIT 定位在生产现场,负责作业计划的执行、生产的控制和现场的反馈等工作。

6.4.2 基于推拉结合的路线图时间规划程序

MRPⅡ适合于宏观调控和长期规划,而 JIT 可以降低成本,因此,可将二者结合起来进行路线图的时间规划,对项目进行分析和分解。根据项目属性不同,分别采用 MRPⅡ和 JIT 的规划方法,对项目进行时间规划,从而充分发挥两种计划的优势。由于 TOC 主要考虑瓶颈问题的处理,而对于路线图这种宏观规划来说,瓶颈识别较为具体和困难,因此本小节主要采用 MRPⅡ 和 JIT 相结合的思想,也就是推拉结合的思想进行时间规划。

基于推拉结合的路线图时间规划主要包括如下程序。

(1) 进行项目分解。主要根据路线图制定的目的,对项目进行子项目划分。一般来讲,对于资源准备部门,主要明确项目的内容和目的;对于以指导路线图实施来讲,需要根据不同的操作部门,以及时间阶段进行进一步划分。

(2) 进行逻辑关系分析。将分解后的项目进行先后、并行关系分析,从而形成项目逻辑上的顺序、平行关系。

(3) 进行属性分析。主要是对项目的功能特点、执行特征和风险特征等属性进行分析,目的是判别项目是属于“推式”管理部分,还是“拉式”管理部分。一般来说,项目按照其属性可分为以下几类:

T 类:研制、论证类项目,也称为“推式”项目,其特点是:周期较长、风险较大,完成的不确定性大,需要不断地完善。对于这类项目,主要采用“推式”时间管理。

L 类:生产、配置类项目,也称为“拉式”项目,其特点是:完成时间较为固定、风险相对较小,其结束点与里程碑关系的时间关系较为固定。主要采用“拉式”时间管理,以最大程度地降低费用消耗。

G 类:规范、改进类项目,其特点是:项目功能体现在对现有功能的改进方面,或者重新规范系统行为,使其运行效率效益更高,且原有系统在不进行该类项目的情况下仍可使用。这类项目尽管具有项目的阶段特征,但其完成时间不太固定,因此,其时间管理往往采用推式管理。

D类:研制、改进类项目,其特点是对现有装备进行创新,或是产生新型技术、新型理念,该类项目不开展并不影响现有系统运行,但如果该类项目成功,将对系统产生跨越式的提升,同时,也导致现有系统发生重大的变化。该类项目的时间管理,往往以推式管理为主,同时,考虑其完成的时间进度和风险特性,调整其他项目进度,并对其他项目的功能和适应性进行及时调整。

(4) 进行计划安排。在完成项目逻辑关系和项目属性分析后,分别按照项目进行时间安排,绘制网络图。对此过程,可采用单代号网络图形式进行。

(5) 绘制路线图。将进度计划形成的单代号网络,以路线图的格式进行表示,完成路线图的绘制,形成路线图。

6.4.3 双层网络路线图表示模型

一般来讲,路线图表示形式较多。按照大卫·普罗贝特的总结,包括8种格式。

(1) 多层型路线图。它将路线图的多种要素综合起来,设置多个层次,包括若干总层次和分层次、子层次或者亚层次。可用来研究每一个层次内部的演变以及各层次之间的相互依赖和相互关系,有助于促进多个层次之间的融合。

(2) 长条形路线图。其主要运用条形图来表示项目进程及其先后顺序。用每个层次或者子层次的一组条形图来表示,优点是简化统一、清晰直观,便于促进交流与沟通,有助于路线图指定软件的开发。

(3) 表格型路线图。表格是按项目画成的格子,在每个格子中分别填写文字或数字,具有结构规范、简洁易懂的特点,能够表达复杂的内容和事物。

(4) 图解型路线图。是指采用简单的图形代表发展领域的各项子领域、任务、项目等主体,并将其发展过程直接在图中表达出来,通常标示明确的注解和说明。

(5) 绘画型路线图。通过类似图画的形式来表达事物发展的相关因素及其实现途径,适用于有较大创造性的发展领域。

(6) 流程型路线图。主要采用流程或过程表示,把目标、行动和结果联系起来。

(7) 单层型路线图。是相对于多层型路线图而言,通常只有一个层次,表示某一领域、项目或系统的发展路径。

(8) 文本型路线图。主要以描述具体内容的方式进行。

本小节制定路线图考虑了项目的属性,即在经典单代号网络图的基础上,结合多层次路线图的表示方法,提出基于双层代号网络的路线图表示方法。

1. 基本符号

双层网络路线图表示模型基本符号主要包括项目和关联,如图 6-5 所示。

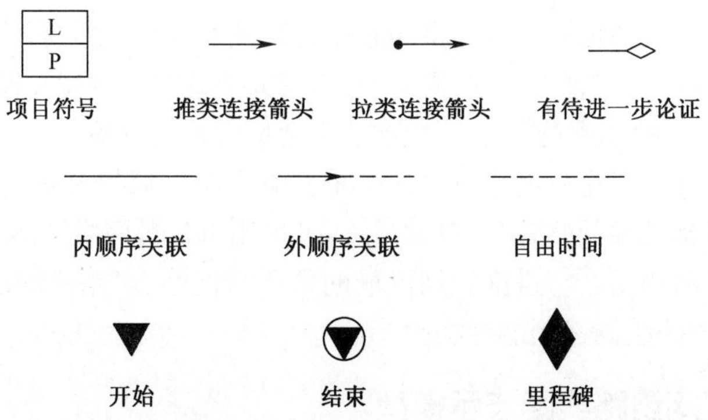

图 6-5　双层网络路线图表示模型基本符号

项目符号:由方框表示,其中 L 表示项目类型,P 表示项目代号;

箭头有三类:连接推类项目之间的箭头、连接拉类项目的箭头以及 G 类、D 类结束后有待进一步论证调整的项目;

箭线线型分为三类:内顺序关联采用实线表示,外顺序关联采用虚线表示,包含自由时间的线型由虚实线表示。

2. 基本关系

双层网络路线图表示了项目和项目关系,项目关系主要有内关联和外关联两种。

(1) 内顺序关联。箭线两端连接的均为同类型项目,或均为"推式"项目,或均为"拉式"项目。在实际工作中,内顺序关联优先编排。

(2) 外顺序关联。箭线两端连接分别为"推式"项目和"拉式"项目,且"推式"项目的结束时间位于"拉式"项目的开始时间之前时采用外顺序关联。一般情况下,外顺序关联需要在内顺序关联编排完后编排。

(3) 外并行关联。当某"推式"项目的结束时间和某"拉式"项目的开始时间位于同一箭线的两端,并且"推式"项目的结束时间位于"拉式"项目的开始时间之后时采用外并行关联。该情况在项目时间紧张时候出现,同时也意味着协调成本大大提高,甚至导致项目执行出现时间不够的问题。

3. 双层网络路线图编排规则

(1) 网络图编排以单代号网络编排规则为基础;

(2) 双层网络路线图在时间轴上编排,其中,“推式”项目以项目结尾时间对齐时间轴对应位置,“拉式”项目以项目开始时间对齐时间轴对应位置;

(3) 同时存在外关联和内自由时间的情况,采用内自由时间进行路线图描述;

(4) “有待进一步论证”符号,可作为分项的结束使用。

4. 里程碑识别

里程碑是确定项目取得阶段性成果或标志性时间的时间节点。根据陆军装备保障转型的特点,里程碑确定主要有以下方法:

(1) 由战略目标或任务节点确定。一项大型任务往往是伴随着时代发展和重大转换而产生的,而这项任务的开始和结束时间,即是一个里程碑时间。如部队换装时间、军事斗争准备到特定阶段等,就可作为里程碑,对路线图节点进行确定。

(2) 重大任务需求确定。若路线图中的某个项目属于其他重大任务中的子课题,也包含在该重大任务的里程碑节点中,这样,该节点可作为限制条件,作为路线图中的里程碑节点。

(3) 关键路线确定。若由前述两个方法无法确定重大节点,如起止时间无法确定时,可以以当前时间作为起始时间,并按照单代号网络中的关键路线,也就是从开始到结束的路线中,最长的时间作为结束节点时间。

(4) D 类项目完成时间确定。若项目中存在 D 类项目,则需要首先评估 D 类项目完成期望时间和风险时间,并确定该项目的后续项目的影响,并考虑针对后续项目影响变化的预先研究,以及取得后续项目的柔性改造。

6.5 示例分析

6.5.1 型谱化火炮保障转型目标-项目分解

下面以型谱化火炮保障转型项目建设为背景,提出型谱火炮保障转型项目。

根据型谱化火炮保障转型建设特点,结合陆军装备保障转型战略目标分析情况,建立型谱化火炮保障转型目标体系,如图 6-6 所示。

以聚类后的保障转型活动为基础,考虑型谱化火炮保障需求,对聚类后的保障转型活动进行细化分析,如表 6-1 所列。

以陆军装备保障转型目标为基础,对型谱化火炮保障建设项目进行设计,得到型谱化火炮保障建设路线图目标-项目如表 6-2 所列。

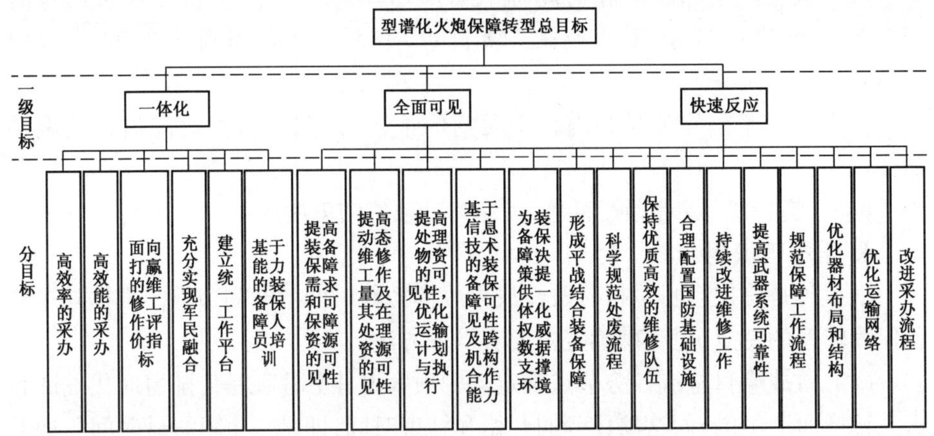

图 6-6　型谱化火炮保障目标体系

表 6-1　型谱火炮保障转型项目确定

要素	转型项目	要素	转型项目
保障理论	平战兼容理论研究项目	保障器材	研制型谱化火炮通用型保障器材
	集成理论研究项目		进行保障器材配套建设
	编制体制理论研究项目	保障信息	研发新型信息装备
保障装备	型谱化装备保障体系设计		进行信息装备配置与更新
	新型装载装备研制		全资产可视系统研发
	按型谱研制专用组合机具		研发保障决策辅助系统
	型谱化通用保障装备研制		研发保障态势生成系统
	研制新型运输平台		开发型谱化保障力量编组构件
	研制综合检测装备		研发信息安全设备
	保障装备改进研制	保障组织	保障体制论证
	进行装备配套建设		作业体制论证
	进行储备规划		力量统计与分析
保障技术	新型故障检测技术研究		人员岗位论证
	火炮修理新技术研究		编制体制调整
	维修策略研究	保障体制	进行军民一体化火炮保障研究
	研究型谱化火炮换件维修标准		研究模块化编组体制机制
	进行火炮 CBM 应用研究		落实模块化编组
	进行型谱化火炮 PHM 应用开发		平战衔接的力量编配方案研究
	研究型谱化火炮抢救抢修技术		优化规划保障资源配置
保障人才	保障训练模拟器开发	运行机制	落实保障资源优化
	型谱化火炮保障培训方案修订		供应保障体制优化研究
	进行一专多能岗位练兵		编制保障信息沟通细则
	组织型谱化火炮保障演练		进行信息沟通训练
	型谱化火炮模块编组方案研究		

表 6-2　型谱化火炮保障建设路线图目标-项目表

目标	分目标	措施及项目	目标	分目标	措施及项目
一体化	1.1 高效率的采办	装备与物资一体化信息寿命周期管理	快速反应	3.1 形成平战结合装备保障	新型故障检测技术研究
		采购决策支持系统			火炮修理新技术研究
	1.2 高效能的采办	火炮型谱体系规划			维修策略研究
		火炮装备需求规划		3.2 科学规范处废流程	
		型谱化装备保障体系设计		3.3 形成核心维修能力	
	1.3 面向打赢的维修工作评价指标			3.4 保持优质高效的维修队伍	
	1.4 充分实现军民融合	核心保障能力建设体系		3.5 合理配置国防基础设施	型谱化火炮模块编组方案研究
		制度法规体系			研制型谱化火炮通用型保障器材
		力量保证体系			进行保障器材配套建设
		指挥控制系统			研发新型信息装备
	1.5 建立统一工作平台	新型装载装备研制			进行信息装备配置与更新
		按型谱研制专用组合机具		3.6持续改进维修工作	研发保障决策辅助系统
		型谱化通用保障装备研制			研发保障态势生成系统
		研制新型运输平台			开发型谱化保障力量编组构件
		研制综合检测装备			保障体制论证
		保障装备改进研制			作业体制论证
		进行装备配套建设			力量统计与分析
		进行储备规划			人员岗位论证
		编制体制理论研究项目			编制体制调整
	1.6 基于能力的装备保障人员培训	保障训练模拟器开发			研究型谱化火炮换件维修标准
		型谱化火炮保障培训方案修订			进行火炮 CBM 应用研究
		进行一专多能岗位练兵			进行型谱化火炮 PHM 应用开发
		组织型谱化火炮保障演练			研究型谱化火炮抢救抢修技术
全面可见	2.1 提高装备保障需求和可保障资源的可见性	集成理论研究项目		3.7 提高武器系统可靠性	
		平战兼容理论研究项目		3.8 规范保障工作流程	进行军民一体化火炮保障研究
	2.2 提高动态维修工作量及在处理资源可见性	全资产可视系统研发			研究模块化编组体制机制
	2.3 提高处理物资的可见性，优化运输计划与执行	供应保障体制优化研究			落实模块化编组
		平战衔接的力量编配方案研究			优化规划保障资源配置
	2.4基于信息技术的装备保障可见性及跨机构合作能力	编制保障信息沟通细则		3.9 优化器材布局和结构	落实保障资源优化
		进行信息沟通训练		3.10 优化运输网络	
	2.5为装备保障决策提供一体化权威数据支撑环境	研发信息安全设备		3.11 改进采办过程	

6.5.2 型谱化火炮保障转型项目时间规划

以6.2节中提出的转型项目为基础,应用6.3节中的时间预测技术对完成时间进行预测,运用6.4节提出的定义考虑项目属性和顺序关系,得到转型项目的基本属性,如表6-3所列。

表6-3 转型项目属性

要素	代码	转型项目	项目类型	消耗时间/月	紧后项目	开始节点/月	完成节点/月
保障理论	A1	平战兼容理论研究项目	T	6	B1		
	A2	集成理论研究项目	T	6	B1		
	A3	编制体制理论研究项目	T	3	B1、H1、H2、H7		
保障装备	B1	型谱化装备保障体系设计	T	2	B2、B3、B4、B5、B6、B7		
	B2	新型装载装备研制	T	16	B8、B9		
	B3	按型谱研制专用组合机具	T	10	B8、B9		
	B4	型谱化通用保障装备研制	T	12	B8、B9		
	B5	研制新型运输平台	T	12	B8、B9		
	B6	研制综合检测装备	T	10	B8、B9		
	B7	保障装备改进研制	T	16	B8、B9		
	B8	进行装备配套建设	L	12	H6		36
	B9	进行储备规划	T	4			
保障技术	C1	新型故障检测技术研究	G	4	B8	0	
	C2	火炮修理新技术研究	D	50		0	
	C3	维修策略研究	G	16			
	C4	研究型谱化火炮换件维修标准	T	12	B8、B9、D2、D5		
	C5	进行火炮CBM应用研究	T	12	C6		
	C6	进行型谱化火炮PHM应用开发	G	18			
	C7	研究型谱化火炮抢救抢修技术	T	6	D1		
保障人才	D1	保障训练模拟器开发	T	12	D2		
	D2	型谱化火炮保障培训方案修订	T	4	D3		
	D3	进行一专多能岗位练兵	L	6	D4		

（续）

要素	代码	转型项目	项目类型	消耗时间/月	紧后项目	开始节点/月	完成节点/月
保障人才	D4	组织型谱化火炮保障演练	L	3		36	
	D5	型谱化火炮模块编组方案研究	T	4	D4		
保障器材	E1	研制型谱化火炮通用型保障器材	T	12	E2		
	E2	进行保障器材配套建设	L	14	D4		
保障信息	F1	研发新型信息装备	T	3	F2		
	F2	进行信息装备配置与更新	L	6	I2		36
	F3	全资产可视系统研发	T	14	F2		
	F4	研发保障决策辅助系统	T	18	F2		
	F5	研发保障态势生成系统	T	4	F2		
	F6	开发型谱化保障力量编组构件	T	5	F2		
	F7	研发信息安全设备	T	4	F2		
保障组织	G1	保障体制论证	T	9	G4		
	G2	作业体制论证	T	12	G4		
	G3	力量统计与分析	T	3	G1、G2		
	G4	人员岗位论证	T	6	G5		
	G5	编制体制调整	L	3			36
保障体制	H1	进行军民一体化火炮保障研究	T	12	H3		
	H2	研究模块化编组体制机制	T	9	H4、I1		
	H3	落实模块化编组	L	3	H4		
	H4	平战衔接的力量编配方案研究	T	4	H5		
	H5	优化规划保障资源配置	T	6	H6		
	H6	落实保障资源优化	L	8		36	
	H7	供应保障体制优化研究	T	4	H5		
运行机制	I1	编制保障信息沟通细则	T	6	I2		
	I2	进行信息沟通训练	L	2	D4		36

注：1. 由于部分项目已经在本研究前已经开展，此时，将项目剩余时间作为表内的预计所需时间。

2. 开始节点和完成节点表示该项目开始时刻或结束时刻处于里程碑节点，有明确的时间限定要求

按照6.4.3小节的双层代号网络模型，建立型谱火炮保障转型路线图如图6-7所示。

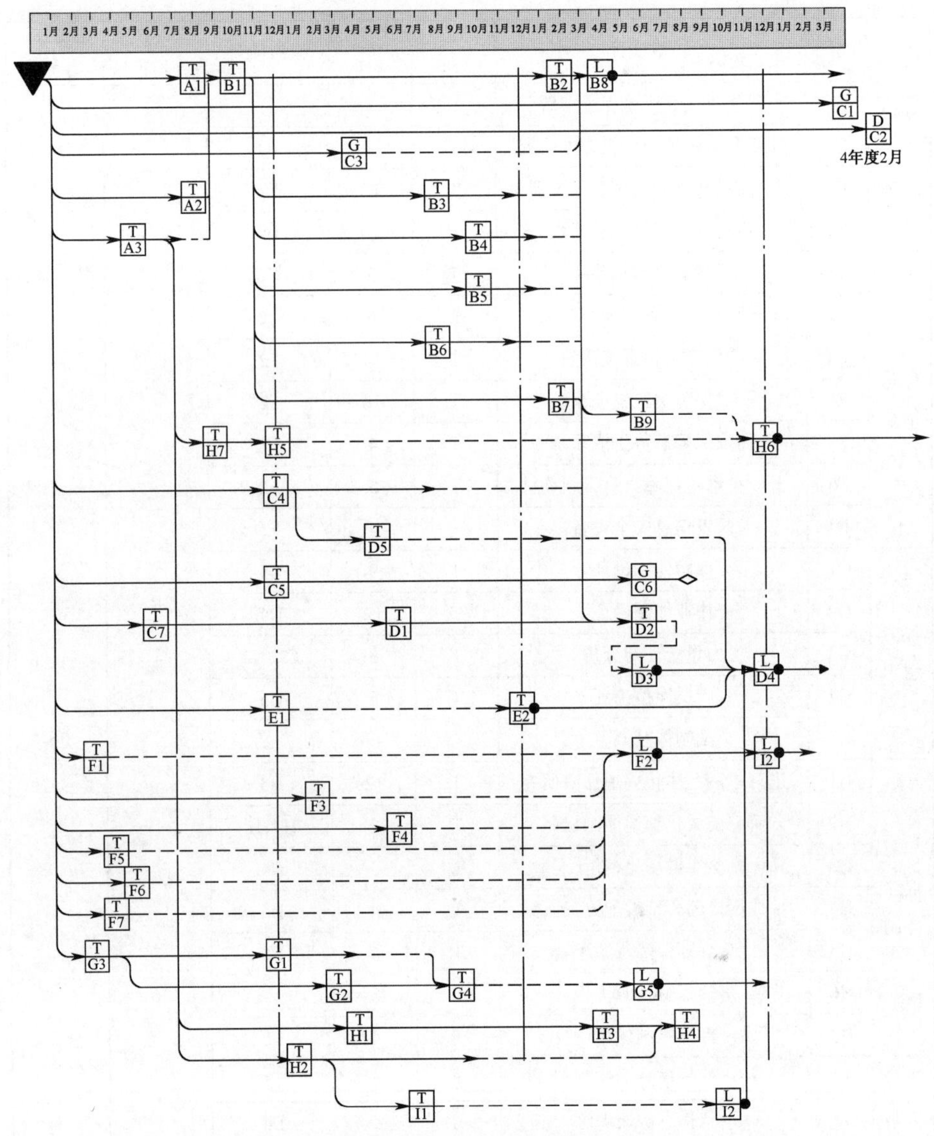

图 6-7　基于双层代号网络模型的型谱火炮保障转型路线图

第 7 章　陆军装备保障转型评价模型

在转型过程中,转型目标、转型方式、转型途径、转型路线构成了不同的转型方案,决定着转型效果,转型方案评价可为保障转型提供决策参考。在转型方案评价中,转型方案指标体系建立决定着方案评价的导向,是方案评价的重要理论问题。从陆军装备保障转型的效果指标和过程指标入手,建立陆军装备保障转型方案评价指标体系,以期对装备保障转型实施提供决策理论指导。

7.1　装备保障转型评价指标模型

7.1.1　装备保障能力变化指标设计

保障系统的能力提升是陆军装备保障转型的出发点和归宿,是转型活动是否具体实施的决定因素。

1. 单个指标

不同的转型方案对保障能力的变化作用影响不同。保障能力的变化是选择权衡保障方案的重要依据。衡量保障能力的指标主要有:装备技术保障能力、装备调配保障能力、装备经费保障能力、战场装备管理能力等。其中,装备技术保障是为保持和恢复装备良好技术状态而采取的各项保证性措施及相应活动的统称,影响装备技术保障能力的主要有装备技术保障人员水平、装备技术保障装备水平、装备技术保障设施水平、装备技术保障设备水平、装备技术保障器材水平、装备技术保障体制等内部因素,以及科技水平、战场环境影响程度等外部因素;装备调配保障是为保持部队装备齐装配套所进行的一系列装备保障活动,影响装备调配保障能力的因素主要有装备的筹措能力、储备能力、补充能力、换装能力、调整能力、退役处理能力、报废处理能力,以及申请、调拨、交接能力等;装备经费保障是为满足部队平时训练和战时作战需要,提供军事装备科研、购置、维修管理等所需各项经费所进行的军事经济活动,影响装备经费保障能力的因素主要有经费的获取能力、分配能力和管理能力等;战场装备管理是对参战部队装备的信息、使用、保管和防护,以及报废装备的管理、缴获装备的处理等活动的统称,影响战场装备管理能力的因素主要有装备信息管理能力、装备使用管理能力、装备保管能力、装备防护能力、报废装备管理能力、缴获装备处理能力等。

2. 整体指标

1) 保障力量综合集成方面

保障力量综合集成度反应了保障力量集成的程度，由于保障力量涉及面广、组元众多、关系复杂，该指标需要通过定性方法得出。本小节从集成层次上将保障力量综合集成划分为物理集成、数据集成、信息集成、要素集成四个层次，以此反应保障力量的集成程度。

(1) 物理集成度 Ξ_W 。物理集成即通过网络将保障力量节点进行物理连接，实现保障力量的互联互通。物理集成度即为现有保障力量纳入保障网络的程度，若保障力量的元素数为 N_T ，已连入保障网络的元素数量为 N_W ，则物理集成度 Ξ_W 为

$$\Xi_W = N_W/N_T \tag{7.1}$$

(2) 数据集成度 Ξ_D 。数据集成即采用概念模式对保障力量数据及其联系进行统一集成的定义，从而达成信息共享和交互。若保障力量的元素数为 N_T ，已进行统一集成定义的元素数量为 N_D ，则信息集成度 Ξ_D 为

$$\Xi_D = N_D/N_T \tag{7.2}$$

(3) 信息集成度 Ξ_I 。信息集成是通过规范接口，建立统一的集成模型和通用框架，对不同类型的信息进行统一描述，达到信息集成、利于共享。若保障力量所涉及的数据类型为 N_{IT} ，进行有效统一的数据类型个数为 N_{II} ，则信息集成度 Ξ_I 为

$$\Xi_I = N_{II}/N_{IT} \tag{7.3}$$

(4) 系统集成度 Ξ_S 。系统集成使装备保障系统紧密匹配装备保障的业务过程和业务模型，主动或被动的优化保障进程和保障决策，快速响应保障需求变化。若保障系统涉及业务过程个数为 p ，其中第 i 个业务过程的集成程度为 p_i ，则系统集成度 Ξ_S 可定义为

$$\Xi_S = \frac{1}{p}\sum_{i=1}^{p} p_i \tag{7.4}$$

其中，集成程度 p_i 可以根据是否可完成业务过程、是否进行了决策优化以及是否具备一定的环境适应能力进行定性分析得到，且 $0 \leqslant p_i \leqslant 1$。

2) 保障行动全程可控方面

(1) 状态感知度。状态感知度是表征对保障力量的数、质量情况随时感知程度的度量参数。其可用获取状态信息的准确率、平均延迟时间来表征。

(2) 需求感知度。需求感知度是表征对装备保障需求随时感知程度的度量参数。其可用获取需求信息的准确率、平均延迟时间来表征。

（3）信息传输可靠度。信息传输可靠度是表征对指挥控制信息传输可靠程度的度量参数。其可用信息传输的正确率、平均延迟时间来表征。

3）保障标准统一规范方面

保障标准主要包括装备物资代码标准、装备保障标准、装备保障流程、装备保障信息等方面具备统一的规范。其可以采用标准规范制定情况、执行情况和执行效果等方面来表征。

7.2 方案制定评价指标设计

陆军装备保障转型方案的评价,还可以从方案评价的角度进行,主要包括必要性、可行性和合理性三个方面。

7.2.1 必要性评价指标

制定陆军装备保障转型目标是方案形成的基础。转型目标符合基于信息系统的体系作战需求的程度,转型方案预期效果对我军战斗力的提高程度,是目标先进性的具体表征。

1. 目标先进性

转型目标的先进性是打赢信息化战争的保证,转型目标不是对国外转型的模仿和照搬,而应与我国国情相适应,基于提高打赢能力充分反映信息化战争的特征。

2. 目标竞争性

转型过程要反映自身的进步,同时也需要注重竞争对手的发展,在发展过程中能够取得阶段性进展,实现阶段性、局部性的优势也非常重要。

（1）及时性。及时性是保障系统完成保障目标的时间特性。“保障目标”是指保障过程要达到的保障效果的定性或者定量要求。其主要包括:①保障系统在装备需要保障时,能否及时开始;②保障系统一旦开始执行任务,能否及时完成。

（2）有效性。有效性是保障系统完成保障目标的效率特性。其主要包括:①对保障资源满足保障需求的效率高低的描述,即满足效率;②对保障资源使用的效率高低的描述,即利用效率。

（3）部署性。部署性是保障系统满足部署要求的能力。其与所部署的保障资源的包装要求、装卸要求、运输要求、安装和操作设备所需人员数量以及补给的数量等因素密切相关。

7.2.2 可行性评价指标

1. 技术可行性

尽管目前装备保障转型尽可能采用成熟技术,但就目前装备保障转型而言,需要探索的新技术很多,技术难度复杂,因此面临技术风险较大。技术开发需要时间和资源,如果不能尽快实现技术突破,也会影响转型进程。

技术可行性指标主要包括:关键技术攻关程度、新技术可用程度、成熟技术采用程度(所占比例)、技术实施环境等。

2. 经济可行性

尽管经济因素在战斗力提高上往往处于次要地位,但在保障转型中,需要强调以最高的效益达成最好的效果,因此,采用军民一体化、国际合作等方式,采取必要的技术获取手段,是转型中必须考虑的因素。经济可行性指标主要包括:总费用、资金追加、金融利率、资金分配合理等。

3. 资源可行性

在进行装备保障转型中,进行科学探索、技术开发、组织改进、资源建设需要大量的人力、物力,需要精心规划。

(1) 资源可获取性。考虑不同转型模式需要获取的资源多少,是转型实现的必要条件之一,可以从一定程度上反映转型模式的可实现性,从而评判转型中的资源消耗。

(2) 资源利用率。主要考虑在保障转型建设中,避免重复建设,同时尽量避免与地方已有的设施设备相重复,从而能够节约经费,提高经费利用效率。

4. 组织可行性

装备保障转型不仅是技术的改进,而且需要组织的改进,这就需要合理分配保障过程中的职责,区分军民职责,划分组织层次,从而促进转型的顺利开展,形成合力。

7.2.3 合理性评价指标

从满足度、连续度和协调度三方面提出实施方案的评价指标。

1. 满足度指标及计算

满足度是方案层和步骤层共同的评价指标,主要用来评价方案或者步骤中输入是否能够满足输出要求、输出是否能够满足方案或者步骤要求、控制是否满足方案或者步骤要求、机制是否满足方案或者步骤要求等问题,分别建立指标如下。

(1) 输入满足度 Y 为输入满足输出要求的程度:

$$\Upsilon = 1 - \frac{\max\{|J_1 - J|, |J - J_0|\}}{\max\{J_1, J, J_0\}} \tag{7.5}$$

式中：J_0 为集合 $\Gamma_0 = \{\Gamma | \Gamma \to Q, Q \in \mathbb{Q} \text{ 且 } \Gamma \in \Gamma\}$ 的元素个数，$\Gamma \to Q$ 表示输入 Γ 为输出 Q 所需的输入；J_1 为集合 $\Gamma_1 = \{\Gamma | \forall Q \in \mathbb{Q}, \exists \Gamma \in \Gamma_1 \text{ 且 } Q \leftarrow \Gamma\}$ 的元素个数，$Q \leftarrow \Gamma$ 表示输入 Γ 为输出 Q 充分达成必须的输入。

（2）输出满足度 Θ 为输出符合方案层或者步骤层要求的程度：

$$\Theta = \frac{\sum_{k=1}^{K} f(Q_k)}{\max\{K, K_0\}} \tag{7.6}$$

式中：$f(Q_k)$ 表示 Q_k 达到方案层或者步骤层要求的程度，且 $0 \leqslant f(Q_k) \leqslant 1$；若完全达到，则 $f(Q_k) = 1$，若完全达不到，则 $f(Q_k) = 0$；K_0 表示满足方案层或者步骤层要求时所需输出数量。

（3）控制满足度 Ψ 为控制符合方案层或者步骤层要求的程度：

$$\Psi = 1 - \frac{\max\{|L_1 - L|, |L - L_0|\}}{\max\{L_1, L, L_0\}} \tag{7.7}$$

式中：L_0 为集合 $\mathbb{C}_0 = \{C | C \to \Gamma \times Q, \Gamma \in \Gamma, Q \in \mathbb{Q} \text{ 且 } C \in \mathbb{C}\}$ 的元素个数，$C \to \Gamma \times Q$ 表示控制 C 为输入 Γ 到输出 Q 转换 $\Gamma \times Q$ 所需的控制支持；L_1 为集合 $\mathbb{C}_1 = \{C | \forall \Gamma \times Q, \Gamma \in \Gamma, Q \in \mathbb{Q}, \exists C \in \mathbb{C}_1 \text{ 且 } C \leftarrow \Gamma \times Q\}$ 的元素个数，$C \leftarrow \Gamma \times Q$ 表示控制 C 为输入 Γ 到输出 Q 转换 $\Gamma \times Q$ 充分达成必须的控制。

（4）机制满足度 Λ 为机制符合方案层或者步骤层要求的程度：

$$\Lambda = 1 - \frac{\max\{|M_1 - M|, |M - M_0|\}}{\max\{M_1, M, M_0\}} \tag{7.8}$$

式中：M_0 为集合 $\mathbb{R}_0 = \{R | R \to \Gamma \times Q, \Gamma \in \Gamma, Q \in \mathbb{Q} \text{ 且 } R \in \mathbb{R}\}$ 的元素个数，$R \to \Gamma \times Q$ 表示控制 R 为输入 Γ 到输出 Q 转换 $\Gamma \times Q$ 所需的机制支持；M_1 为集合 $\mathbb{R}_1 = \{R | \forall \Gamma \times Q, \Gamma \in \Gamma, Q \in \mathbb{Q}, \exists R \in \mathbb{R}_1 \text{ 且 } R \leftarrow \Gamma \times Q\}$ 的元素个数，$R \leftarrow \Gamma \times Q$ 表示机制 R 为输入 Γ 到输出 Q 转换 $\Gamma \times Q$ 充分达成必须的机制。

2. 连续度指标及计算

连续度是步骤层的评价指标，主要用来评价整个方案中各步骤对接是否具有连续性的评价指标。分别建立指标如下：

（1）输入连续度 ξ 为步骤层的输入具有来源的程度：

$$\xi = 1 - \frac{J_n}{J + \sum_{i=1}^{I} J_i} \tag{7.9}$$

式中：J 为方案层输入集元素个数；J_i 为步骤层 S_i 的输入集元素个数；J_n 为集合 $\Gamma_n = \{\Gamma | \Gamma \in \Gamma_i 且 \Gamma \notin (\Gamma \cup \mathbb{Q} \cup \{\mathbb{Q}_i\})\}$ $(i = 1,2,\cdots,I)$ 中元素个数，$\{\mathbb{Q}_i\}$ 为所有步骤层输出集的集合。

（2）输出连续度 ζ 为步骤层输出具有明确去向的程度：

$$\zeta = 1 - \frac{K_n}{K + \sum_{i=1}^{I} K_i} \tag{7.10}$$

式中：K 为方案层输出集元素个数；K_i 为步骤层 S_i 的输出集元素个数；K_n 为集合 $\mathbb{Q}_n = \{Q | Q \in \mathbb{Q}_i 且 Q \notin (\mathbb{Q} \cup \Gamma \cup \{\Gamma_j\})\}$ $(i = 1,2,\cdots,I)$ 中元素个数，$\{\Gamma_j\}$ 为所有步骤层输入集的集合。

3. 协调度指标及计算

协调度是方案-步骤层的评价指标，主要用来评价方案层与各步骤层之间输入、输出、控制及机制的协调程度。分别建立指标如下：

（1）输入协调度 α 反映方案层输入与步骤输入协调性的程度。

$$\alpha = \frac{J_e}{J} \tag{7.11}$$

式中：J 为方案层输入元素个数；J_e 为集合 $\Gamma_e = \{\Gamma | \Gamma \in \Gamma 且 \Gamma \in (\Gamma_i)\}$ $(i = 1,2,\cdots,I)$ 中的元素个数。

（2）输出协调度 β 反映方案层输出与步骤输出协调性的程度：

$$\beta = \frac{K_e}{K} \tag{7.12}$$

式中：K 为方案层输出元素个数；K_e 为集合 $\mathbb{Q}_e = \{Q | Q \in \mathbb{Q} 且 Q \in (\mathbb{Q}_i)\}$ $(i = 1,2,\cdots,I)$ 中的元素个数。

（3）控制协调度 χ 反映方案层控制与步骤控制协调性的程度：

$$\chi = \frac{L_e}{L} \tag{7.13}$$

式中：L 为方案层控制元素个数；L_e 为集合 $\mathbb{C}_e = \{C | C \in \mathbb{C} 且 C \in (\mathbb{C}_i)\}$ $(i = 1,2,\cdots,I)$ 中的元素个数。

（4）机制协调度 δ 反映方案层机制与步骤机制协调性的程度：

$$\delta = \frac{M_e}{M} \tag{7.14}$$

式中 M 为方案层机制元素个数；M_e 为集合 $\mathbb{R}_e = \{R | R \in \mathbb{R} 且 R \in (\mathbb{R}_i)\}$ $(i = 1,2,\cdots,I)$ 中的元素个数。

7.2.4 风险性评价指标

风险特性是评价陆军装备保障转型活动实施能够按照预先计划顺利进行的一项特性。风险的大小取决于后果的严重性和发生的概率,高风险的活动需要在管理中加以重点关注,必要时需要采取相应的规避风险的措施。风险过高的活动,往往会导致陆军装备保障转型不能按计划顺利实施,难以保证转型活动的圆满完成,因此,对装备保障转型活动加以分析,具有重要的现实意义。

陆军装备保障转型风险分为6个方面。

1. 技术风险

技术风险是指在陆军装备保障转型实施过程中,在预定的资源约束下,达不到装备保障转型目标中的技术指标的可能性及差距。

产生技术风险的典型因素如下:

(1) 转型的相关技术难度较大,实现困难;

(2) 原定性能指标过高,依当前技术和经费条件难以实现;

(3) 转型时间约束和费用约束不当。

2. 资源风险

资源风险是指在陆军装备保障转型实施过程中,所需资源不能满足要求的可能性及差距。

产生资源风险的典型因素如下:

(1) 国内资源短缺;

(2) 现有资源质量达不到转型所规定的要求;

(3) 费用不足;

(4) 筹措不力。

3. 管理风险

管理风险是指转型过程中一些难以预料并与管理有关的外部资源和活动对转型产生不利影响的可能性及其后果。

产生管理风险的典型因素如下:

(1) 转型决策存在失误;

(2) 外部条件变化引起任务延迟;

(3) 难以预料的外部资源和活动,如材料供应的中断或延迟、研究过程出现反复等。

4. 质量风险

质量风险是指陆军保障转型过程中一些活动不能按照预先的质量要求完成的可能性及偏差幅度。

产生质量风险的典型因素如下：

(1) 转型过程决策不周；

(2) 计划论证不充分；

(3) 难以预料的外部资源和活动。

5. 进度风险

进度风险是指转型不能达到预期效果的可能性及达到预期效果造成的工期超过预期时间的幅度。

产生进度风险的典型因素如下：

(1) 转型进度计划论证不充分、经费不足；

(2) 政治环境条件恶劣；

(3) 技术力量不足及其他一些不可预见因素。

6. 费用风险

费用风险是指转型所需费用突破预算的可能性及超支的幅度。在现实条件下，由于一些不可预见因素的影响，转型经费预算存在很大的不确定性。

产生费用风险的典型因素如下：

(1) 转型预算不完整、不准确；

(2) 相关原材料、配套设备的价格调整；

(3) 技术及计划因素的影响；

(4) 不适当地追求高性能指标等。

技术风险、资源风险和管理风险是风险的"控制因素"，是起决定作用的风险成分；而质量风险、进度风险和费用风险则在很大程度上是风险"指示信号"，是从产生后果的角度提出的。

风险的概率和后果之间的关系比较复杂，本小节把转型风险表示为一个四元组的完备集：

$$\mathbf{R} = (\mathbf{E}, \mathbf{S}, \mathbf{O}, \mathbf{D}) \tag{7.15}$$

式中：$\mathbf{R}$ 为风险集合；$\mathbf{E} = \{E_i\}$ 为第 i 个风险事件，也就是后面 FMEA 分析的问题模式；$\mathbf{S} = \{S_i\}$ 为第 i 个风险事件发生后导致后果的严重程度；$\mathbf{O} = \{O_i\}$ 为第 i 个风险事件发生的概率；$\mathbf{D} = \{D_i\}$ 为对第 i 个风险事件进行原因分析的难度。

7.3 陆军装备保障转型验证系统构建

在装备保障转型过程中，顶层设计和目标规划无疑是转型成败的关键，因此，如何对装备保障转型的设计规划和决策方案进行科学试验验证，是一个亟待解决的问题。

本小节采用系统工程综合集成的方法，构建了陆军装备保障转型验证系统的框架结构，旨在为陆军装备保障由规模型向精益型转型的目标、内容、方法、步骤和技术路线等提供科学试验和评价方法。

7.3.1 验证系统构建方法与技术

演示验证最早源于 1994 年美国国防部提出的“先期概念技术演示(ACTD)”倡议，是以成熟的先期技术为基础，演示验证重大军事能力，其规模足以验证作战效用和系统的完整性。其意义在于提供把从实验室获得的技术优势尽快转变为战场上的军事优势的新途径。

陆军装备保障转型验证系统是应用系统工程理论，通过逻辑推断和仿真试验，对装备保障转型进行需求分析、活动规划、策略验证、效果评估等一系列定性定量论证和评价的有机体系。该系统为降低装备保障转型建设风险，充分发挥体系的整体效能提供科学有效的手段，是将转型方案、技术转化为战斗力、保障力的第一步。

装备保障转型验证系统的构建涉及综合集成方法，以及人工智能、计算机技术、虚拟现实技术等现代仿真建模技术。

1. 综合集成方法

综合集成方法是由钱学森提出的“从定性到定量综合集成方法”。该方法适用于解决社会系统、人体系统、地理系统、军事系统等复杂系统，其实质是将专家、处理数据和信息以及计算机结合起来，从而构成高度智能化的人机结合系统，从而发挥人员、经验和计算机的综合优势、整体优势和智能优势。

综合集成方法充分应用数学科学、系统科学、控制科学、人工智能和以计算机为主的各种信息技术，如系统建模仿真、分析、优化等。综合集成研讨厅体系(Hall for Work Shop of Meta-synthetic Engineering，HWSME)是该方法的主要应用形式，其体系如图 7-1 所示。

2. 转型验证相关技术

(1) 工作分解结构(WBS)。WBS 是为了管理和控制的目的而将项目(系统)分解成易于管理的部分的技术，它是按等级把项目分解成子项目(系统)，子项目(系统)再分解成更小的工作单元，直至最后分解成具体工作(工作包)的系统方法。

(2) 建模仿真技术。在无法进行大量物质投入的情况下，利用仿真建模技术研究装备保障问题已成为装备保障研究领域的发展趋势。目前，国内外建立了各种保障仿真系统，其中典型的有 OPUS10、LCOM、SIMLOX、LOGSIM、

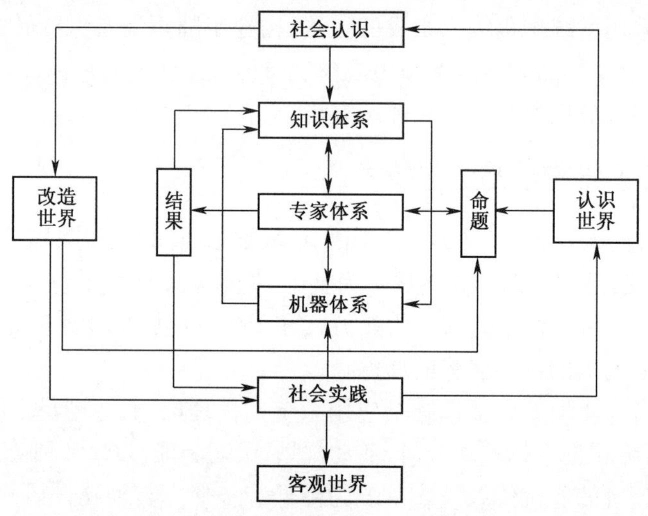

图 7-1　综合集成研讨厅体系框图

WLTAE、SALOMO、SCOPE 等。

(3) 保障效能评估技术。装备保障效能评估影响因素众多,不确定性强,评估指标体系复杂,常用的保障效能评估技术方法包括模糊理论、神经网络方法、数据仓库、建模仿真等。

7.3.2　陆军装备保障转型验证系统设计

1. 验证系统总体框架设计

根据陆军装备保障转型系统分析和实施策略的研究,给出验证系统总体逻辑框架结构,如图 7-2 所示。

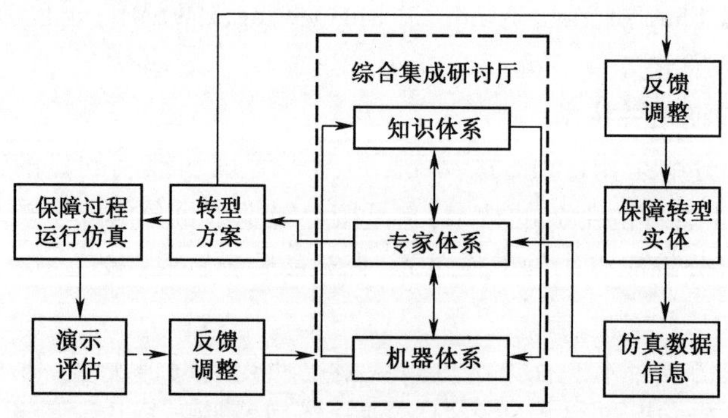

图 7-2　陆军装备保障转型验证系统总体逻辑框架结构

陆军装备保障转型验证系统基本的工作流程描述如下：首先对装备保障转型实体要素进行仿真得到仿真数据信息，应用综合集成研讨厅给出装备保障转型方案，通过保障过程运行仿真，对转型方案进行验证评估。图 7-2 中虚线表示“转型方案”的仿真运行效果不理想，需要将“转型方案”反馈回综合集成研讨厅进行调整，再次进行仿真和验证评估，直至“转型方案”达到要求，将“转型方案”作用实施于“保障转型实体”。

该转型验证系统中，对装备保障转型实体的仿真，以及保障过程运行仿真是系统运行的基础，这里给出装备保障转型实体仿真要素，如图 7-3 所示。

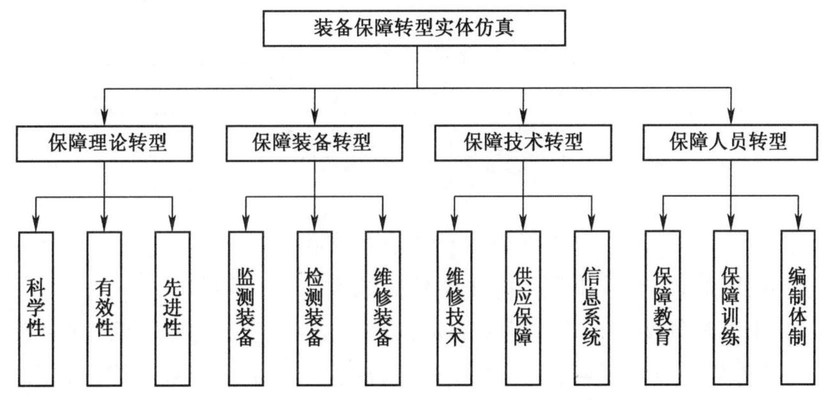

图 7-3　陆军装备保障转型实体仿真要素

构建陆军装备保障转型过程运行的装备保障仿真模型体系，如图 7-4 所示。该体系主要包括战场环境模型、实体毁伤模型、想定模型、评价模型、过程模型等，通过进行运行仿真，达到保障效能评估的目的。

图 7-4 中，想定模型主要从整体上描述装备保障仿真运行过程，基于想定模型，可以分别建立各个基本作战单元的作战任务模型及保障方案，完成保障组织、保障资源、保障过程等模型的预先设置。各类装备保障仿真模型的结构、分辨率、运行方式各异，需要不同种类的模型支持，在实现形式上应采用多类异构仿真模型。

2. 陆军装备保障效能评估

根据陆军装备保障效能评估的研究实际，在进行评估前，要做以下工作：

（1）建立装备保障效能评估指标体系。衡量装备保障效能需要将装备保障能力分解成每个专业能够用数值表示的单项保障能力。影响装备保障效能的因素有指挥控制、维修抢救、补给供应、战场防护、组织协调、保障防卫等几个方面。

（2）建立保障效能评估模型。采用合理的算法，将保障任务、保障环境等方面不易量化的各种要素，与可以直接量化、统计的其他要素区分开来，用不同的

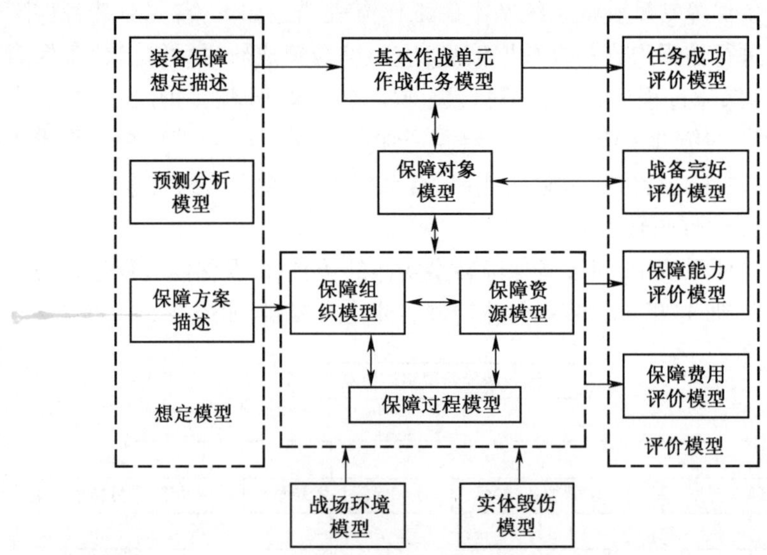

图 7-4 陆军装备保障过程运行仿真模型体系

处理方法加以求解,预计出保障需求和保障能力。

(3) 建立装备保障效能评估基础数据库。保障效能评估基础数据库通常有三类:一是各类标准数据库;二是加权权值数据库;三是单位基本信息数据库。

(4) 建立保障效能评估分析模块。装备保障由维修保障、器材弹药供应、装备管理等多个分支结构组成,其效能评估通常是由各单项的计算自动化系统共同完成。因此,每个专业都需要建立专门的分析模块,按照一定的作业流程,收集、录入相关数据,构建相关的评估模型。

建立陆军装备保障转型评估的基本流程如下:

(1) 明确评估目标。根据保障效能评估的目的,明确评估对象,选定需要评估的保障效能指标。

(2) 选定评估系统和评估模块。装备保障效能评估通常由装备保障各专业的多台计算机共同完成。每个专业都有根据本专业指挥自动化作业的需要而设计的专业保障能力评估分系统。

(3) 明确制约条件。装备保障效能涉及面广,不同的作战规模、不同部(分)队装备的构成比例、不同的作战环境条件、不同的作战对象等因素,对装备保障力量的构成、组织形式、时空分布、战中损失等有着不同程度的影响。

(4) 明确评估计算流程,调整模型内部参数。装备保障效能评估问题比较复杂,需要对评估的计算流程进行选择,并在调用相关计算机模块进行计算之前,检查和调整评估模型的参数。

(5) 输入、调整装备保障决策数据,完成效能评估运算。保障决策发生不同的变化时,必须及时地调整相关的数据,以得出真实可信的评估结论。录入装备保障决策数据之后,再利用计算机来分析、评估装备保障效能。

(6) 对评估计算结果、评估结论进行分析对比,调整制约条件和装备保障决策数据,得出评估结论,选定最优方案。

陆军装备保障系统效能评估流程如图 7-5 所示。

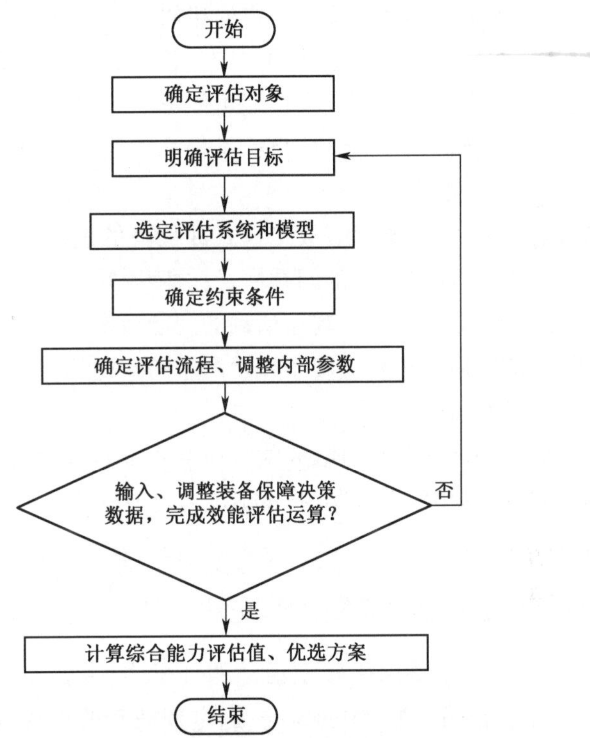

图 7-5　陆军装备保障系统效能评估基本流程

通过阐述验证系统构建的方法与技术,进行装备保障转型验证系统总体框架设计,从装备保障过程运行仿真和效能评估两个方面进行分析和论述,可为实现陆军装备保障转型的效果评估提供研究思路和技术方法。

7.4　基于 FMEA 的陆军装备保障转型活动风险分析

7.4.1　FMEA 方法的引入

陆军装备保障转型活动风险分析主要针对陆军装备保障转型过程中所进行

的各种活动,通过分析评价活动进行过程中可能的风险,提出应对风险的措施,最终消除风险,或将风险降低到可接受水平。在保障转型活动实施前进行风险分析,可以有效提高转型活动实施效果,避免风险问题发生。由于目前针对转型活动风险分析方法缺乏,本小节将 FMEA 技术引入转型活动风险分析中,以提高转型活动风险分析的科学化和定量化水平。

传统的 FMEA 是一种可靠性设计技术,FMEA 方法应用于可靠性设计中,该过程与陆军装备保障转型活动具有一定的相似性:

(1) 在过程属性方面。转型活动与产品设计过程均具有活动的一般属性,在执行过程中均具有一定的不确定性而可能导致不良后果,同时采取一定的措施均可以提高最终效益。产品设计目标是提高产品的可靠性水平,转型活动是提高转型系统的保障能力。

(2) 在风险分析内容方面。故障模式即故障的表现形式,在转型活动风险分析中可对应转型活动过程中的问题模式;故障影响是故障模式对产品的使用、功能或状态导致的结果,可对应转型活动的问题后果;危害度对应转型活动风险分析的严重度;故障原因可对应转型风险产生的问题起因;补偿措施可对应转型活动风险的解决措施,等等。

由此可见,转型活动分析过程风险分析与可靠性设计过程的 FMEA 分析具有分析内容和方法的相似性,因此将 FMEA 技术引入转型活动风险分析具有科学性和可行性。

7.4.2 保障转型活动 FMEA 分析步骤

将其应用到陆军装备保障转型活动的分析中,在转型工作计划阶段,采用 FMEA 分析技术,分析转型工作的风险,制定预防和改进措施,并依据风险的大小进行风险的管理和控制。其目的是及早发现研究过程所潜在的问题模式,探讨问题原因并评估问题模式对过程所造成的影响,采取适当的措施进行风险规避,可以有效避免因风险发生造成的严重后果。

用 FMEA 技术分析保障转型活动,通过分析各个转型活动可能的问题模式及其产生的原因、发生的可能性,评估其造成影响的可检测性与严重程度,提出可能采取的预防措施,进而完成转型活动的风险分析。转型活动 FMEA 的分析步骤如图 7-6 所示。

1. 明确陆军装备保障转型 FMEA 分析对象

本小节进行 FMEA 的分析对象是陆军装备保障转型的活动,即第 4 章中经模糊聚类后所形成各个转型活动。

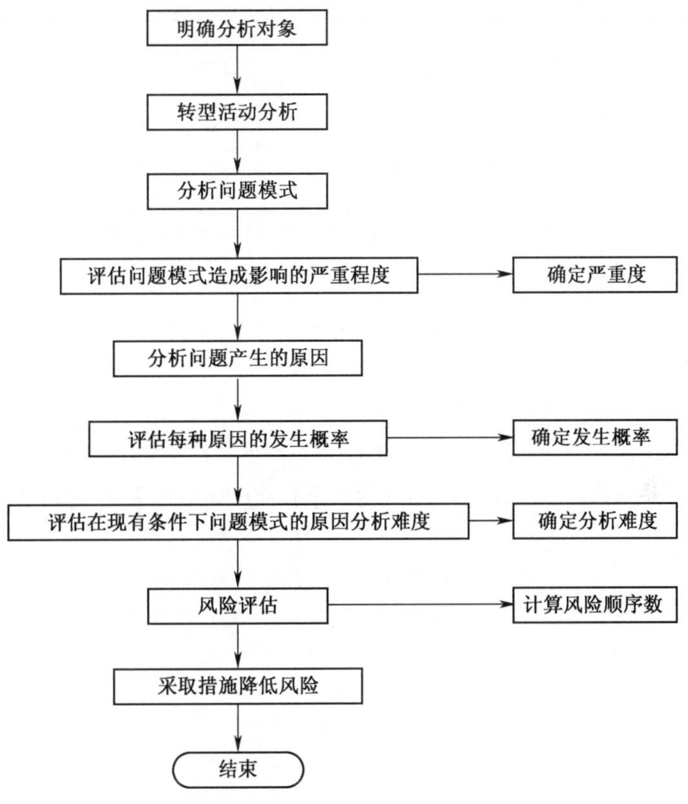

图 7-6　FMEA 的分析步骤

2. 陆军装备保障转型活动分析

描述陆军装备保障转型活动的具体要求,以及当前开展陆军装备保障转型中,该活动所处的内外部环境。

3. 分析陆军装备保障转型活动问题模式

从技术、资源、管理三个方面出发,分析陆军装备保障转型活动风险源,根据相似对象在类似活动中的既往实践经验、统计记录等,归纳总结得出可能的问题模式。

4. 评估各问题模式的严重程度 S

评估各个问题模式对陆军装备保障转型活动造成的影响程度,根据严重度评价准则,判定问题模式的严重程度。制定严重度 S 的评定准则如表 7-1 所列。

表 7-1　严重度 S 的评定准则

评定准则	严重等级	严重度
该问题模式导致对应的转型活动停止	灾难	0.9~1
该问题模式导致对应的转型活动效率低下	致命	0.7~0.8
该问题模式导致对应的转型活动效率比较低	临界	0.5~0.6
该问题模式导致对应的转型活动效率不高	轻度	0.1~0.4

5. 分析问题模式产生的原因

根据问题模式的产生背景,通过对陆军装备保障转型活动进行详细分析,尽可能多地列举出造成每一种问题模式的原因。

6. 评估每种原因的发生概率 O

根据决策者和专家的意见,将问题模式原因的发生概率分为非常高、高、中等、低、极低 5 个等级,制定问题模式原因的发生概率以及评定准则,如表 7-2 所列。

表 7-2　发生概率 O 的评定准则

评定准则	发生等级	发生概率
必然发生	非常高	0.9~1
问题经常发生	高	0.7~0.8
偶尔有问题发生	中等	0.5~0.6
很少有问题发生	低	0.3~0.4
基本没问题发生	极低	0.1~0.2

7. 评估在现有条件下问题模式的原因分析难度 D

根据陆军装备保障转型活动的实际情况,由专家根据分析难度的评定准则,对现有条件下问题模式的原因分析难度进行判定。

根据决策者和专家的经验,确定问题模式原因难以分析程度的评定准则、等级和数值归纳如表 7-3 所列。

表 7-3　分析难度 D 的评定准则

评定准则	分析等级	分析难度
很难分析出问题模式产生原因	非常高	9~10
较难分析出问题模式产生原因	高	7~8
基本可以分析出问题模式产生原因	中等	5~6
可以分析出问题模式产生原因	低	1~4

8. 计算各问题模式的风险顺序数(Risk Priority Number, R_{PN})

陆军装备保障转型活动各问题模式的风险顺序数计算公式为

$$R_{PN} = SOD \tag{7.16}$$

式中：S 为问题模式造成的严重程度；O 为问题模式原因的发生概率；D 为分析难度。

9. 采取措施降低转型活动风险

根据问题模式产生原因及风险大小,设计一定的规避措施,对可能出现的风险进行规避。

最后,将上述分析结果填入 FMEA 表格中。因此,本小节设计了陆军装备保障转型活动 FMEA 表格,如表 7-4 所列。

表 7-4 保障转型活动 FMEA 表格

转型活动	可能的问题模式	问题后果	严重程度	问题起因	发生概率	分析难度	风险顺序	解决措施

7.4.3 示例分析

根据 FMEA 步骤,对汇总后的转型活动进行 FMEA 分析。

1. 明确陆军装备保障转型 FMEA 分析对象

以陆军装备保障转型活动中涉及的范围为边界,对转型风险进行分析。本小节以“研究新型保障理论”活动,进行 FMEA 研究的详细描述,其他陆军装备保障转型活动的 FMEA 分析可类似得出。

2. 陆军装备保障转型活动分析

对于“研究新型保障理论”活动来说,其面临的情况是:我国目前主要对先进发达国家的保障理论进行跟踪分析、比较研究,并结合我国实际展开研究,目前在理论追踪方面已经较为系统,也提出了一定的指导性方针,但在操作性强的研究上存在一定不足。

3. 分析陆军装备保障转型活动问题模式

在“研究新型保障理论”活动中,主要考虑研究成果的科学性和有效性,一方面由于目前跟踪较多,提出具有我军特色的新型装备保障理论较少;另一方面,由于参考外军先进保障理论较多,容易发生与我军装备保障实际不符的现象。鉴于上述分析,本小节认为“研究新型保障理论”活动可能的问题模式分为“超前性不够”和“实用性不强”两种。

4. 评估各问题模式的严重程度 S

对两种问题模式的严重等级进行评定，依据陆军装备保障转型目标要求，认为“超前性不够”的严重程度等级为致命，严重度为0.8；“实用性不强”的严重程度等级为临界，严重度为0.5。

5. 分析问题模式产生的原因

经分析，“超前性不够”主要原因是“研究力量薄弱，思想观念没有很好的与时代发展接轨”；“实用性不强”主要原因是“预先规划计划不充分”。

6. 评估每种原因的发生概率 O

根据决策者和专家的意见，“超前性不够”发生概率为0.5；“实用性不强”发生概率为0.6。

7. 评估在现有条件下问题模式的原因分析难度 D

由于“研究新型保障理论”活动的成果形式比较直观，其两种失效模式“基本可以分析出问题”。“超前性不够”分析难度评定为5，“实用性不强”分析难度为6。

8. 计算各问题模式的风险顺序数 R_{PN}

风险顺序数由式(7.16)计算得出。问题模式“超前性不够”的 R_{PN1} 为

$$R_{PN1} = 0.8 \times 0.5 \times 5 = 2$$

问题模式“实用性不强”的 R_{PN2} 为

$$R_{PN2} = 0.5 \times 0.6 \times 6 = 1.8$$

9. 采取措施降低转型活动风险

根据问题起因，提出解决措施。“超前性不够”对应的解决措施为：“解放思想，转变思想与观念，树立新的保障价值观”；“实用性不强”对应的解决措施为：“做好规划，注重先期验证”。

将上述结论填入本小节设计的转型活动FMEA表格中，见表7-5。

表7-5 陆军装备保障转型活动FMEA风险分析样表

转型活动	可能的问题模式	问题后果	严重度	问题起因	发生概率	分析难度	风险顺序	解决措施
研究新型保障理论	超前性不够	无法为制定保障规划、政策及实施提供先进的指导	0.8	研究力量薄弱，思想观念没有很好的与时代发展接轨	0.5	5	2	解放思想，转变思想与观念，树立新的保障价值观
	实用性不强	无法为制定保障规划、政策及实施提供有力指导	0.5	预先规划计划不充分	0.6	6	1.8	做好规划，注重先期验证

依此类推，即可得到所有活动的风险分析结果。可见将 FMEA 技术引入陆军装备保障转型活动风险分析是科学和可行的。

本小节提供的陆军装备保障转型活动的 FMEA 分析表，罗列了本节提出的陆军装备保障转型各个活动可能的问题模式，每个问题模式对应的问题后果、严重度、问题起因、发生概率、分析难度、风险顺序及解决措施，从而可以对各个转型活动的风险进行充分的认识，为今后在实施转型活动时制定相应措施、有效规避风险奠定了基础。

参 考 文 献

[1] 全军军事术语管理委员会．中国人民解放军军语[M]．北京:军事科学出版社,2011.

[2] 崔济温,毕研江．论我军装备保障转型的涵义及特征[J]．装备学术研究,2005(02):18-41.

[3] 新世纪美国军事转型计划——美军转型“路线图”文件汇编[M]．军科院外国军事研究部,译．北京:军事科学出版社,2003.

[4] Wilson G P. Logistics Transformation [R]. U. S. Army War College,2002.

[5] 张子丘,王建平．装备技术保障概论[M]．北京:军事科学出版社,2001.

[6] 中国就业培训指导中心．企业人力资源管理师[M]．北京:中国劳动社会保障出版社,2013.

[7] 焦冰．基于精益六西格玛的装甲装备维修保障改革[D]．北京:装甲兵工程学院,2010.

[8] 范晓军．现代战争条件下装备保障信息化研究[D]．长沙:国防科学技术大学,2006.

[9] 武昌,郑志海,牛作成．美海军陆战队装备保障转型与我们的对策[J]．空军工程大学学报,2005,05(02):101-103.

[10] 曹艳华．装甲装备自主式保障关键技术研究[D]．北京:装甲兵工程学院,2012.

[11] 徐航,陈春良．装备精确保障概论[M]．北京:国防工业出版社,2012.

[12] 陈春良,曹艳华．自主式保障与基于性能的保障对比分析及启示．装备维修保障学术研讨会论文集[C]．银川:总装备部维修工程技术专业组,2009.

[13] 王绪智,朱斌,栗琳．美军装备保障转型的进展[J]．外军炮兵防空兵研究,2011,24(002):53-56.

[14] 刘明江．装备建设全面转型规律浅探[J]．装备学术,2005,(01):32-34.

[15] 舒华,张海涛,郑召才．美国陆军装备保障转型措施及启示[J]．军事交通学院学报,2012,14(04):85-87.

[16] 史宪铭,赵战彪,陈春良,等．装备保障模式转型构成与途径研究[J]．价值工程,2013(2)上:299-300.

[17] 林建超．世界新军事变革概论[M]．北京:解放军出版社,2004.

[18] 王保存．世界新性军事变革新论[M]．北京:解放军出版社,2003.

[19] 葛涛,张玉柱,于洪敏．信息化战争对装备保障的影响[J]．装备指挥技术学院报,2004,15(001):31-34.

[20] 范晓军．现代战争条件下装备保障信息化研究[D]．长沙:国防科学技术大学,2006.

[21] 丁步东,吴承平,王兴宏．美国空军装备保障转型[M]．北京:蓝天出版社,2006.

[22] 刘学．战略:从思维到行动[M]．北京:北京大学出版社,2011.

[23] 岳强斌,柏彦奇．论 SWOT 分析模型在装备保障发展战略选择中的应用[J]．装备指挥技术学院院报,2010,21(02):38-41.

[24] 史宪铭,翟自强,李大卫,等．基于霍尔三维结构的高校学生综合素质培养研究[J]．时代教育,2014(11):6-8.

[25] 史宪铭,张翔,张宝财,等. 军队院校教学质量保证体系建设研究[J]. 科技创新导报,2015(7):44-46.
[26] 陈春良, 黄小龙, 陈伟龙, 等. 装备主动式保障系统需求建模及应用[J]. 装甲兵工程学院学报,2012, 26(04):11-16.
[27] 赵战彪,史宪铭,陈春良. 基于 Hall 三维结构的陆军装备保障转型体系研究[J]. 装备学院学报,2014,25(4):129-132.
[28] 杨龙,严振华,王明哲. QFD 与 Sobol'法在武器装备需求分析中的应用[J]. 舰船电子工程,2012,32(3):7-10.
[29] 夏俊. 基于 QFD 的产品设计质量控制新模式[D]. 杭州:浙江大学,2008.
[30] Pawlak Z, Rough Sets. International Journal of Parallel Programming[J]. 1982,11(5):341-356.
[31] 张文修,吴伟志,梁吉业. 粗糙集理论与方法[M]. 北京:科学出版社,2001.
[32] 赵兵,王海宽,石全,等. 基于指标分类权重与未确知测度的装备战场损伤等级评估模型[J]. 数学的实践与认识,2014,44(8):144-151.
[33] 赵战彪,齐鸥,陈春良,等. 基于粗糙集的装备保障要素关系研究[J]. 装甲兵工程学院学报,2013,01:5-9.
[34] Donevska K R, Gorsevski P V, Milorad J. Regional non-hazardous landfill site selection by integrating fuzzy logic, AHP and geographic information systems[J]. Environmental Earth Sciences, 2012, 67(1):121-131.
[35] Yeh C H, Huang Jay C Y, Yu C K. Integration of four-phase QFD and TRIZ in product R&D: a notebook case study[J]. Research in Engineering Design, 2011, 22(3):125-141.
[36] Ankur C, Rajeev J, Singh A R. Integration of Kano's Model into quality function deployment (QFD) [J]. The International Journal of Advanced Manufacturing Technology, 2011, 53(5-8):689-698.
[37] Enislay R, Yailé C, Bello R, et al. SMOTE-RSB: a hybrid preprocessing approach based on oversampling and undersampling for high imbalanced data-sets using SMOTE and rough sets theory[J]. Knowledge and Information Systems, 2012, 33(2):245-265.
[38] Hendry R, Xie M, Brombacherc A C. A systematic methodology to deal with the dynamics of customer needs in Quality Function Deployment[J]. Expert Systems with Applications, 2011, 38(4): 3653-3662.
[39] 赵战彪,黄小龙,陈春良. 基于 ANP 的装备保障转型影响因素分析[J]. 军械工程学院学报,2013,25(2):21-25.
[40] 国防大学科研部. 路线图[M]. 北京:国防大学出版社,2009.
[41] 赵成鑫,史宪铭,荣小雪. 基于国家安全的军事装备高技术创新战略论纲[J]. 科技风,2013(7):69-70.
[42] 史宪铭,赵战彪,陈春良,等. 装备保障转型策略 SWOT 分析[J]. 价值工程,2013(1)中:19-21.
[43] 张剑. 武器装备发展战略环境评价的 SWOT 分析[J]. 装备指挥技术学院院报,2011,22(01):21-25.
[44] SHI Xian-ming, ZHAO Mei, CHEN Chunliang, et al. A strategy generation method based on a trace substitute(TS) - Strength Weakness Opportunity Threat(SWOT) model[D]. Frontiers in Computer Education, 125-130.
[45] 史宪铭,荣丽卿,李文生,等. 基于国家安全的武器装备高技术创新战略系统分析[J]. 军械工程学院学报(社科版),2010(2):62-64.

[46] 赵成鑫,史宪铭,张海峰. 美国军事装备高技术创新战略解析[J]. 科技风,2012. 10(下):31-32.

[47] 史宪铭. 基于TS-SWOT和QSPM的战略分析方法[C]."信息技术与武器装备创新发展"全国博士后学术论坛,2013.

[48] SHI Xianming, WEI Zhaolei, SUN Guangwei, etc. Research on System Strategic Objective Based on Systems Engineering Thought[C]. ICITMI'2013:474-479.

[49] Meredith E David, Forest R David, Fred R David. The quantitative strategic planning matrix (qspm) applied to a retail computer store[J]. The Coastal Business Journal,2009, 8(1):42-52.

[50] Mahsa Beidokhty nejad, Nina Pouyan, Mohammad reza shojaee. Applying topsis and qspm methods in framework swot model:case study of the iran's stock market[J]. Australian Tournal of Business and Management Research,2011, 1(5):93-103.

[51] Gaffney, David B. Army Logistics Transformation:A Key Component of Military Strategic Responsiveness [R]. Carlisle:Army War Coll., Carlisle Barracks, PA, 2008.

[52] Zorica Srdjevic, Ratko Bajcetic, Bojan Srdjevic. Identifying the Criteria Set for Multicriteria Decision Making Based on SWOT/PESTLE Analysis:A Case Study of Reconstructing A Water Intake Structure[J]. Water Resources Management,2012, 26(12):3379-3393.

[53] 赵战彪. 基于模型分析的陆军装备保障转型研究[D]. 北京:装甲兵工程学院,2013.

[54] 陈禹六. IDEF建模分析和设计方法[M]. 北京:清华大学出版社,1999.

[55] BING Bing, HAO Yong-sheng, SHI Xian-ming,et al. Study on Decision-Making Behavor Model of Equipment Based on Conceptual Model[D]. EBM'2011, Wuhan, 2011.03.

[56] 史宪铭,陈春良,石文华,等. 基于TRIZ的陆军装备保障转型活动生成研究[J]. 军械工程学院学报,2013,25(6):1-6.

[57] Prasad M B, Karpagam, Sudha M. Induction machine fault diagnosis and design using theory of innovation and problem solving (TRIZ) technology[J]. Computer Industry Engineering, 2009, 33(04):54-58.

[58] Webb Alan. TRIZ:An inventive approach to invention[J]. Manufacturing Engineering, 2011, 11(03):96-101.

[59] 李明,刘澎. 武器装备发展论证方法与应用[M]. 北京:国防工业出版社,2000.

[60] 万小元,王卓. 战略装备保障学[M]. 北京:国防大学出版社,2002.

[61] 黄健. 新型军械装备维修设备需求分析与整合优化方法研究[D]. 石家庄:军械工程学院,2012.

[62] 史宪铭,陈春良,赵美,等. 基于场合概率差值的维修装备功能划分算法[J]. 兵工学报,2014,35(6):915-920.

[63] 史宪铭,陈春良,石文华,等. 基于遗传算法的维修装备功能规划[J]. 系统工程与电子技术,2014,36(7):1346-1351.

[64] 国防大学科研部. 路线图——一种新型战略管理工具[M]. 北京:国防大学出版社,2011.

[65] 赵正华. 故障预测技术研究[J]. 改革探索,2008(10):22-24.

[66] 王强,郑坚,秦俊奇,等. 故障模糊预测系统建模方法研究[J]. 计算机测量与控制, 2002,10(1):23-2.

[67] 罗佑新,张龙庭,李敏. 灰色系统理论及其在机械工程中的应用[M]. 长沙:国防科技大学出版社, 2001.

[68] 李俭川. 贝叶斯网络故障诊断与维修决策方法及应用研究[D]. 长沙:国防科技大学,2002.

[69] 郑小平,高金吉,刘梦婷. 事故预测理论与方法[M]. 北京: 清华大学出版社,2009.

[70] 薛子云,杨川大,朱衡君. 机械故障预测模型综述[J]. 机械强度,2006. 28(8): 60-65.
[71] 陈敏泽,周东华. 动态系统的故障预报技术[J]. 控制理论与应用, 2003, 20(6): 819-82.
[72] 肖丁,陈进军,苏兴,等. 装备保障能力评估指标体系研究[J]. 装备指挥技术学院学报,2011,22(3):42-45.
[73] SHI Xianming, YANG Zhenjun, GU Yanhong, et al. Evaluation of Work Joint in Standardized Management[C]. CITSM'2011, Tianjin:2011,06:2994-2997.
[74] 史宪铭,陈春良,贾曙光,等. 陆军装备保障转型方案评价指标体系[J]. 四川兵工学报,2014,35(4):68-72,75.
[75] 邢志刚,李胜利,何国良,等. 装备保障战备评估指标体系的建立[J]. 装甲兵工程学院学报,2005,19(1):22-25.
[76] ZHAO Zhan-Biao,ZHANG Hui-Qi,CHEN Chun-Liang,et al. Construction of Army Equipment Support Transformation Demonstration System Based on Integration. ICSCSM'2013.
[77] Gan Lu, Xu Jiuping, Bernard T. A computer-integrated FMEA for dynamic supply chains in a flexible-based environment[J]. The International Journal of Advanced Manufacturing Technology, 2012, 59(8): 697-717.
[78] Rizk, Kadry, Ratajczak, et al. Failure Mode and Effects Analysis (FMEA) Introductory Overview[R]. New York:Army Tank Automotive Research Development and Engineering Center Warren, 2012.
[79] Phelps. ACTDs: Management Plans as Predictors of Transition [R]. Naval Postgraduate School, Monterey, CA, 2007.
[80] 白思俊. 现代项目管理[M]. 北京:机械工业出版社,2004.
[81] 薛青,罗佳,郑长伟. 装甲装备保障仿真技术研究[C]. 第13届中国系统仿真技术及其应用学术年会论文集. 合肥:2011.
[82] 孙宝琛,贾希胜,程中华. 战时装备保障过程建模仿真研究[J]. 指挥控制与仿真,2012,(02):97-101.